台科大圖書 since 1997

人人必學

GEN AI
人工智慧生成內容
線上 AI 工具整合與創新應用

GEN AI:
Exploring Generative
Artificial Intelligence

含 AIA 人工智慧應用國際認證：
人工智慧生成內容
(Specialist Level)

勁園科教 趙士豪　編著

序 言

　　AIGC（AI生成內容）技術正為高中與大學教育帶來革命性改變，開啟技術與創意結合的新時代，本課程旨在培養學生「Be the Boss of AI」，主宰而非畏懼AI技術。課程從AI基礎理論、機器學習與神經網路原理出發，接著深入AIGC概念與應用，介紹GPT-3、DALL·E等工具，讓學生全面理解AIGC。同時，課程也探討AI使用中的倫理與責任議題，培養學生的批判性思維。

　　在圖文與影音生成領域，AIGC展現了無與倫比的潛力。學生可利用ChatGPT、Google Gemini生成文字內容，DALL·E、MidJourney、Stable Diffusion創作圖片，以及Tacotron、AIVA、MusicLM生成音訊，Gen-2、Pictory、Synthesia製作影片。這些工具不僅提升學習趣味，更讓學生在實踐中逐步駕馭AI。

　　程式設計與數據分析方面，AIGC同樣價值非凡。GitHub Copilot、Cursor、TabNine能輔助程式碼生成，降低學習門檻。DataRobot、H2O.ai、Google Cloud AutoML等工具則協助數據處理與分析，應用於商業決策與科技研究。學生可透過這些工具整理數據、生成圖表、進行預測分析，甚至結合ChatGPT與Synthesia完成跨領域創作。

　　課程後半部分聚焦實戰應用，學生可利用ChatGPT與DALL·E創作故事並搭建網頁，使用Tactiq與Gamma製作報告。影音創作則涵蓋故事結構、分鏡設計，並運用ChatGPT、Genmo AI、FlexClip完成影片製作與YouTube上架。此外，學生還能利用Heygen AI、ChatGPT與ffmpeg打造數位分身主播。這些實作讓學生培養跨領域技能，並學會主導AI技術，真正體現「Be the Boss of AI」的精神。

　　AIGC技術為教育開闢新可能，提升學生創作效率，激發創意潛能。課程結合理論與實務，讓學生掌握多領域技能，並在實戰中將所學轉化為作品。核心理念「Be the Boss of AI」貫穿始終，鼓勵學生積極接觸、使用並駕馭AI，成為AI時代的引領者。

　　本書的內容設計與AIA（Articial Intelligence Application Certication）人工智慧應用國際認證密切結合。AIA認證旨在提高個人對AI科技的理解和技術能力，以使能更好地融入國際化的AI應用環境。透過本書，讀者將系統化地掌握AIA認

證所需的關鍵知識。本書習題結合 AIA 人工智慧應用國際認證－人工智慧生成內容，可檢視學習成效並協助讀者奠定考證能力。取得 AIA 認證，不僅能讓學習者在履歷上脫穎而出，更能在快速發展的 AI 職涯道路上，獲得更多機會與競爭優勢。

　　最後，筆者衷心感謝勁園科教的范文豪總經理，感謝他給予筆者為大家整理各種 AIGC 工具應用的寶貴機會，讓筆者有幸參與這場教育革新的浪潮，為推動科技教育貢獻一份力量，也期望未來能與更多教育工作者共同探索 AIGC 的無限可能，造福更多學子。

作者 趙士豪

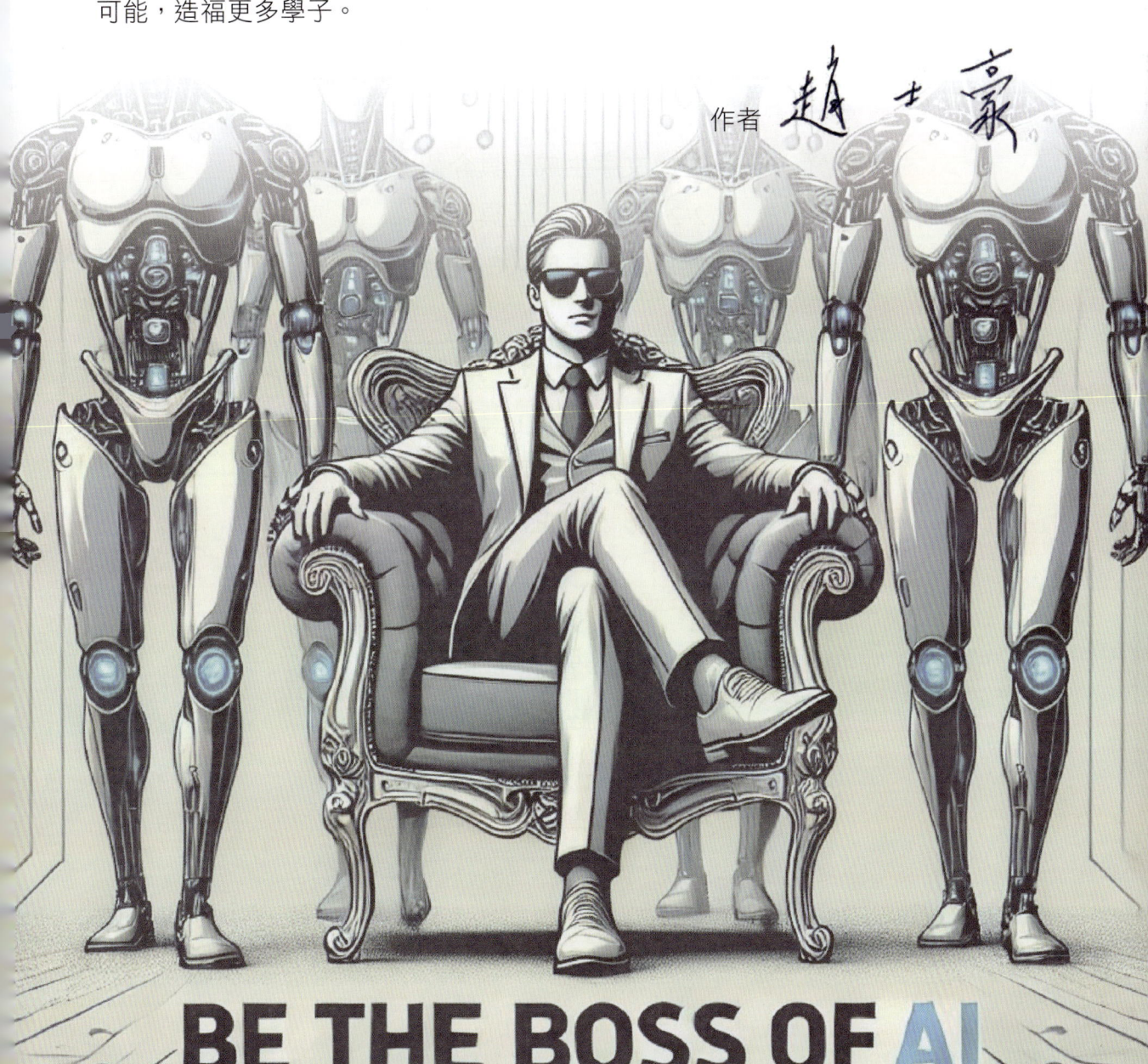

目 錄

Chapter 1　AI 與 AIGC 基礎理論與發展
- 1-1　認識人工智慧　2
- 1-2　機器學習與神經網路　9
- 1-3　AIGC 簡介　15
- 1-4　AI 素養與倫理　21

Chapter 2　AIGC 圖文生成工具與應用
- 2-1　文字生成工具介紹　32
- 2-2　圖像生成工具介紹　44
- 2-3　圖文生成 AIGC 在產業中的應用　54

Chapter 3　AIGC 影音生成工具與應用
- 3-1　音訊生成工具介紹　64
- 3-2　影片生成工具介紹　73
- 3-3　影音生成 AIGC 在產業上的應用　82

Chapter 4　AIGC 程式與數據分析工具
- 4-1　輔助程式生成應用　92
- 4-2　輔助數據分析應用　98
- 4-3　各行業的應用　105
- 4-4　AIGC 整合應用概述　109

Contents

Chapter 5　AIGC 幫你講故事
- 5-1　認識 HTML 與網頁結構　120
- 5-2　建立第一個自己的網頁　126
- 5-3　用 AIGC 生成故事與插圖　133
- 5-4　製作線上閱讀有聲書　139

Chapter 6　AIGC 幫你做報告
- 6-1　線上課程寫紀錄　148
- 6-2　整理筆記畫圖表　152
- 6-3　十分鐘內做簡報　157

Chapter 7　AIGC 幫你拍短片
- 7-1　故事規劃與分鏡腳本設計　166
- 7-2　影音生成與剪輯　173
- 7-3　YouTube 上架與優化　180

Chapter 8　AIGC 幫你當主播
- 8-1　打造專屬數位分身主播　188
- 8-2　腳本批次剪影片　197

附錄
- A. AIGC 平台付費方案推薦　203
- B. ChatGPT IO 與 Agent 剖析：從工具到夥伴　207
- C. 課後習題簡答　211

Chapter 1

AI 與 AIGC 基礎理論與發展

1-1　認識人工智慧

1-2　機器學習與神經網路

1-3　AIGC 簡介

1-4　AI 素養與倫理

Chapter 1　AI 與 AIGC 基礎理論與發展

1-1　認識人工智慧

　　人工智慧（Artificial Intelligence, AI）是一個近年來極具影響力的技術概念，它不僅改變了科技發展的方向，也在全球範圍內對各行各業產生了深遠影響。人工智慧的核心目標是讓機器模擬人類的意識行為，並在某些領域內能夠超越人類的能力。我們將從人工智慧的歷史背景、基礎理論、技術發展、應用場景以及未來挑戰五個方面來全面介紹人工智慧。

1-1-1　人工智慧的歷史背景

　　人工智慧的概念最早可以追溯到上世紀中期，儘管人類很早以前就有讓機器代替人工的想法，真正有關於人工智慧的科學研究是在 1956 年達特茅斯學院舉行的一次會議中誕生。這次會議標誌著人工智慧作為一個正式學術領域的誕生，並且首次提出了「Artificial Intelligence」這一詞。參與會議的科學家包括約翰‧麥卡錫（John McCarthy）、馬文‧閔斯基（Marvin Minsky）、克勞德‧香農（Claude Shannon）等人，他們共同探索了如何讓機器模擬人類的思考和學習能力。

**1956 Dartmouth Conference:
The Founding Fathers of AI**

John MacCarthy

Marvin Minsky

Claude Shannon

Ray Solomonoff

Alan Newell

Herbert Simon

Arthur Samuel

Oliver Selfridge

Nathaniel Rochester

Trenchard More

▲圖 1-1　1956 年達特茅斯學院會議參與者

從那以後，人工智慧經歷了多次高潮和低潮，主要可以分為三個階段：第一次浪潮主要集中在推理和探索系統，但由於當時計算資源的限制和技術瓶頸，許多研究難以取得實際應用；第二次浪潮則專注於專家系統，這些系統能在特定領域表現出與人類專家相當的能力；第三次浪潮始於 2010 年，伴隨著深度學習（Deep Learning）技術的突破，使得人工智慧在語音識別、圖像識別、自然語言處理等方面取得了巨大的進展，並廣泛應用於各行各業。

1-1.2 人工智慧的基礎理論

人工智慧是多學科交叉的領域，它結合了電腦科學、數學、心理學、語言學、認知科學等領域的知識。從理論上來說，人工智慧系統可以分為兩大類：強人工智慧和弱人工智慧。

強人工智慧（AGI, Artificial General Intelligence）是指具備與人類相當甚至超越人類的智慧的系統。強人工智慧的最終目標是創造出可以自主學習、推理和解決問題的機器，甚至具備自我意識和情感。然而，儘管這個目標引起了廣泛討論，實現強人工智慧仍然是一個極具挑戰的目標，目前還處於理論階段。

弱人工智慧（ANI, Artificial Narrow Intelligence）則指在特定領域中表現出超越人類的能力，但無法擴展到其他領域的人工智慧系統。現階段的人工智慧大多屬於弱人工智慧，這些系統可以在如圖像識別、語音識別、醫療診斷等特定領域中表現出卓越的能力，但在其他無關領域則無法發揮作用。

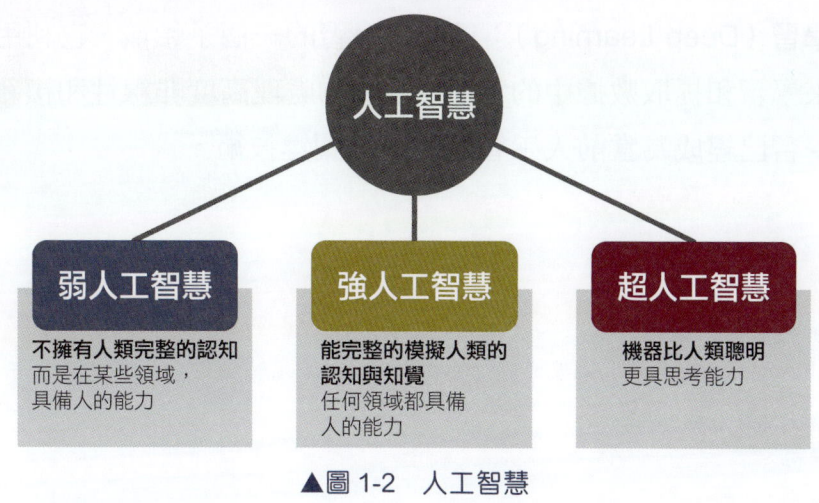

▲圖 1-2　人工智慧

此外還有超人工智慧，**超人工智慧（ASI, Artificial Superintelligence）**是人工智慧發展中的一個假設階段，超過人類智慧的系統。這些系統不僅能在所有認知任務中超越人類，還能自主進行創新、問題解決，並且具有比人類更快的學習和進化能力。超人工智慧被認為不僅能模仿或複製人類思維過程，還能找到更高效、更準確的解決方案和思維模式，超越我們目前的理解能力。

儘管超人工智慧的概念仍屬於科幻和理論領域，但它引發了許多有關倫理、風險和管控的討論。許多專家擔心，一旦超人工智慧得以實現，可能會出現不可控的後果，甚至有可能威脅人類的生存。因此，如何有效管理和監控超人工智慧的發展，成為目前科學家和哲學家積極探討的話題。

這種超越人類的智慧可能會在短時間內重塑我們的社會和生活方式，帶來深遠的影響，甚至可能改變人類的命運。

人工智慧的實現依賴於各種技術方法，最核心的包括以下幾種：

1. **機器學習（Machine Learning）**：人工智慧的核心技術之一。機器學習通過讓機器自動學習並從數據中獲取知識，而不是依賴於明確的程式規則。根據學習的模式，機器學習可以分為監督式學習、無監督式學習和強化學習等類型。

2. **神經網路（Neural Networks）**：模仿人腦神經元之間的連接，來處理複雜的數據。神經網路是深度學習的基礎，特別是在影像處理和自然語言處理方面，它們已經顯示出了強大的性能。

3. **深度學習（Deep Learning）**：是機器學習的一個子領域，它利用多層神經網路來學習和提取數據中的特徵，並能夠處理高度非線性和複雜的數據。深度學習已經成為當前人工智慧發展的關鍵技術。

人工智慧
強人工智慧
弱人工智慧

機器智慧
監督學習
無監督學習
強化學習

深度學習
深度神經網路
卷積神經網路
循環神經網路

▲圖 1-3　人工智慧實現的各種技術方法

1-1.3　人工智慧的技術發展

隨著人工智慧的技術不斷進步，尤其是在深度學習和大數據技術的推動下，AI 技術的應用和實現有了顯著的突破。以下是人工智慧技術發展的幾個重要方向：

1. **大數據的驅動**：AI 的成功在很大程度上依賴於數據量的增加和大數據技術的發展。過去的 AI 系統因為數據有限而表現欠佳，而如今大數據的普及讓機器學習系統可以從大量數據中學習模式和特徵，大幅提升了 AI 的性能。

2. **計算能力的提升**：隨著硬體技術的進步，尤其是 GPU（圖形處理器，Graphics Processing Unit）和 TPU（張量處理器，Tensor Processing Unit）等專門針對 AI 應用的處理器的出現，使得訓練大規模神經網路成為可能。這種計算能力的飛躍大大縮短了訓練時間，也提高了模型的準確性。

3. **雲端計算和邊緣計算的應用**：雲端計算技術的興起，使得人工智慧系統可以利用分散式計算資源來進行訓練和推理。邊緣計算則允許在本地設備（如手機、攝像頭）上運行 AI 模型，這種方式能夠減少延遲並保護用戶隱私，並提升了智慧應用的靈活性。

4. **神經網路架構的創新**：例如生成對抗網路（Generative Adversarial Network, GAN）、變分自編碼器（Variational Autoencoder, VAE）、轉換器模型（Transformers）等新的神經網路架構的提出，讓 AI 在圖像生成、文字生成、語音合成等領域取得了巨大進展。

5. **AI 的自我學習與自我改進**：AI 技術正朝著自我學習和自我改進的方向發展，這意味著未來的 AI 將不僅僅依賴於人類提供的數據來學習，而是能夠通過與環境的互動進行自我優化。

1-1.4 人工智慧的應用場景

隨著人工智慧技術的不斷成熟，其應用場景越來越廣泛，涵蓋了許多不同的領域。

1. **語音識別和自然語言處理**：人工智慧在語音識別和自然語言處理方面取得了重要進展，這使得語音助手（如 Siri、Google Assistant）、聊天機器人、翻譯軟體等應用得以廣泛流行。自然語言處理技術讓機器能夠理解和生成人類語言，實現自動回答問題、智慧客服等功能。

2. **自動駕駛**：人工智慧在交通領域的應用尤其引人注目。自動駕駛技術通過結合電腦視覺（Computer Vision）、感測器整合（Sensor Fusion）、路徑規劃（Route Planning）等多項技術，使得機器能夠自動駕駛汽車，減少交通事故，提高出行效率。

▲圖 1-4　自動駕駛的人工智慧應用

3. **醫療診斷**：人工智慧在醫療領域的應用包括影像診斷、藥物開發、手術輔助等。例如，AI 可以通過分析醫療影像來協助醫生進行診斷，並能夠在藥物研發過程中加速新藥的發現。

4. **金融科技**：在金融領域，人工智慧技術被應用於風險評估、演算法交易、反欺詐、信用評分等多個方面。通過分析大數據，AI 系統能夠發現市場趨勢，並在金融決策中發揮重要作用。

5. **創意領域**：人工智慧生成內容（AI Generated Content, AIGC）技術正在改變藝術、設計、音樂等創意產業。AI 能夠自動生成圖片、音樂，甚至創作短文，這不僅為藝術家提供了全新的創作工具，也在娛樂、廣告等行業帶來了革新。

1-1.5　人工智慧的未來挑戰

儘管人工智慧的發展前景廣闊，但也面臨著諸多挑戰，其中最具爭議的包括倫理和隱私問題。

1. **倫理問題**：隨著人工智慧系統變得越來越智慧，它們的決策往往影響人類生活中的重要方面。AI 的偏見問題已經引發了廣泛的討論，因為系統訓練所使用的數據可能包含偏見，從而導致決策的不公。例如，人臉識別系

統中的種族偏見、招聘演算法中的性別歧視等，都表明人工智慧系統可能會在無意間加劇社會不平等。因此，如何設計公平、透明且具有道德責任的 AI 系統是一個重大挑戰。

2. **隱私問題**：AI 技術依賴於大量數據的收集和分析，這使得個人隱私的保護成為一個極其敏感的議題。在 AI 應用於個人生活的各個方面（如健康數據、行為監控）時，如何平衡數據的使用和隱私的保護，是目前急需解決的問題。

3. **自動化對就業的影響**：隨著人工智慧技術的不斷發展，自動化在許多領域取代了人類的工作。儘管 AI 提高了生產效率，但也對就業市場造成了巨大衝擊。如何在推動技術發展的同時減輕其對社會的負面影響，將成為政府和企業的重要課題。

4. **技術瓶頸與挑戰**：雖然深度學習在近年來取得了巨大成功，但其在能耗、數據需求和模型解釋性方面仍然存在挑戰。此外，強人工智慧（Artificial General Intelligence, AGI）目前仍處於初步探索階段，如何實現真正具備自主學習和推理能力的 AGI 仍是一個科學難題。

小結

人工智慧的發展為人類社會帶來了無限可能，從語音識別、自動駕駛到醫療診斷，AI 技術正逐步改變我們的生活。然而，人工智慧的快速發展也引發了一系列倫理、隱私和社會問題，這些問題需要我們在享受技術進步帶來的便利時，同時保持謹慎的態度，確保其發展符合人類的長期利益。人工智慧的未來充滿挑戰，但只要我們能夠合理規範其發展，它必將成為人類文明的重要驅動力。

1-2　機器學習與神經網路

在當今的科技世界中，人工智慧、機器學習和神經網路已經成為推動科技進步的核心技術。隨著這些技術的進步，人工智慧生成內容也開始迅速發展，成為創意領域和商業應用中的重要一環。這篇文章將詳細介紹這些技術之間的從屬關係，並探討它們的子領域，讓讀者更深入理解它們在現代科技中的角色和重要性。

1-2.1　人工智慧

人工智慧是最廣義的技術領域，其目標是讓機器表現出類似人類智慧的行為。人工智慧的發展始於 20 世紀 50 年代，旨在創建能夠學習、推理、解決問題並進行決策的系統。人工智慧的應用範圍廣泛，涵蓋從遊戲中的智慧對手到自動駕駛汽車等複雜的技術應用。

人工智慧的子領域可以分為以下幾個主要部分：

1. 符號人工智慧（Symbolic AI）：這是早期的 AI 方法之一，依賴於明確的邏輯規則和符號來模擬人類的推理過程。專家系統（Expert Systems）便是這種方法的典型代表，通過一系列「if, then」規則來進行推理和決策。

2. 機器學習（Machine Learning）：機器學習是人工智慧的一個重要子領域，專注於通過數據進行學習和模式識別，使機器能夠自主改進。這是 AI 技術的核心驅動力。

3. 自然語言處理（Natural Language Processing, NLP）：NLP 專注於讓機器理解和生成自然語言，應用於語音助手、翻譯工具和聊天機器人等領域。

4. 電腦視覺（Computer Vision）：這是 AI 用於解讀和理解影像和影片的領域，常見應用包括自動駕駛、醫療影像分析和臉部識別技術。

1-2.2 機器學習

機器學習是人工智慧的子領域之一,致力於讓電腦系統在無需明確程式的情況下自動從數據中學習。機器學習使用統計模型和演算法來分析和理解數據,並依賴於模式識別技術來進行預測或分類。

機器學習的方法大致可以分為三類:

1. **監督學習**(Supervised Learning):這是最常見的機器學習方法之一。在監督學習中,系統被提供了一組帶標籤的訓練數據,通過學習這些數據來預測新數據的結果。典型的演算法包括線性回歸、支援向量機(Support Vector Machine, SVM)、決策樹等。

2. **無監督學習**(Unsupervised Learning):無監督學習不使用帶標籤的數據,而是讓系統在沒有先驗知識的情況下對數據進行分類或分群。常用的演算法包括 k- 平均演算法(K-Means Clustering)、主成分分析(Principal Components Analysis, PCA)等。

3. **強化學習**(Reinforcement Learning):在強化學習中,系統通過試錯法來學習如何做出最佳決策。這種方法特別適合於需要持續與環境互動的問題,例如遊戲或機器人控制。

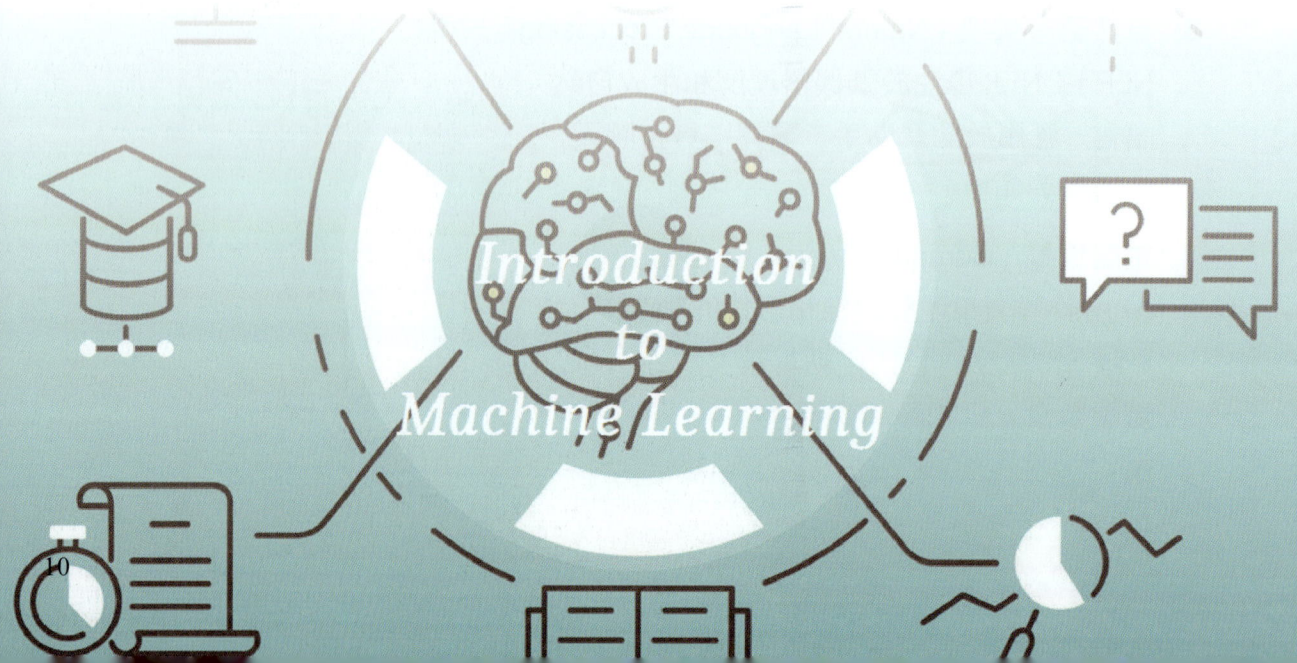

機器學習還包含許多子領域，其中包括：

- **統計學習（Statistical Learning）**：該子領域關注於數據的統計建模和推斷，常見於經濟學和生物統計學領域。

- **推薦系統（Recommendation Systems）**：這是一種專門應用機器學習的方法，主要用於過濾資訊和提供個性化建議，常見於電子商務和社交媒體。

- **深度學習（Deep Learning）**：作為機器學習的一個子領域，深度學習使用多層神經網路來學習數據中的高級特徵，這一技術被廣泛應用於圖像識別、語音識別和自動駕駛等領域。

1-2.3 神經網路

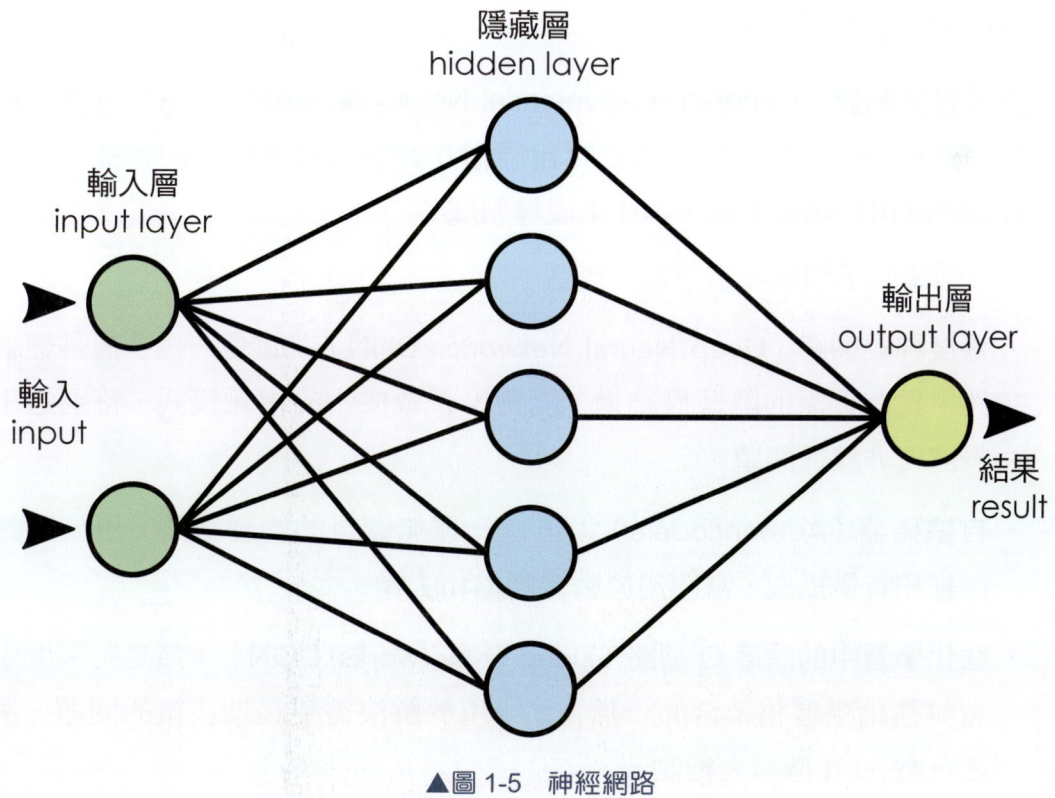

▲圖 1-5　神經網路

神經網路是模仿人腦神經元連接的計算模型，它是深度學習和許多機器學習演算法的基礎。神經網路由多個層組成，每一層都由許多神經元（或節點）組成，這些神經元相互連接並對數據進行處理。

神經網路有多種類型，其中包括：

1. 前饋神經網路（Feedforward Neural Networks, FNN）：這是最基本的神經網路結構，數據只在一個方向上從輸入層經過隱藏層到達輸出層。這種類型的網路常用於基本的分類和回歸任務。

2. 卷積神經網路（Convolutional Neural Networks, CNN）：這是一種專門用於處理圖像數據的神經網路。通過卷積層提取圖像中的空間特徵，CNN 在電腦視覺中得到了廣泛應用。

3. 循環神經網路（Recurrent Neural Networks, RNN）：RNN 適合處理序列數據，例如語音和文字。它的特點是具有記憶能力，可以保留之前數據的資訊以幫助當前的預測。

4. 生成對抗網路（Generative Adversarial Networks, GAN）：GAN 包含一個生成器和一個判別器，兩者之間通過相互競爭來改進模型的性能。GAN 被廣泛應用於圖像生成、影片生成等領域。

神經網路的子領域非常豐富，包括：

- 深度神經網路（Deep Neural Networks, DNN）：這是一種多層神經網路，具有更深的隱藏層結構，能夠學習數據中的複雜模式，特別適用於處理非線性問題。

- 自編碼器（Autoencoders）：這是一種無監督的神經網路，用於數據降維和特徵提取，常應用於數據壓縮和去噪。

- 強化學習中的深度 Q 網路（Deep Q-Networks, DQN）：這是將深度學習與強化學習相結合的一種方法，用於解決需要長期決策的問題，例如遊戲 AI 和機器人控制。

1-2.4 人工智慧生成內容

AIGC，即人工智慧生成內容，是人工智慧在創意領域的最新應用之一。這種技術利用人工智慧，特別是神經網路中的生成模型，來自動創建文字、圖像、音樂和影片等多媒體內容。AIGC 的發展得益於深度學習和生成對抗網路等技術的進步。

AIGC 的子領域包括：

1. 文字生成：基於自然語言處理的技術，AIGC 可以自動生成文章、對話、甚至小說。語言模型如 GPT-3（Generative Pre-trained Transformer）是這方面的代表性技術。

2. 圖像生成：利用生成對抗網路，AIGC 可以創建高度逼真的圖像，應用於藝術創作、設計和廣告等領域。例如，深度學習模型可以生成完全虛構的人臉圖片。

3. 音樂生成：AI 能夠分析大量的音樂數據，並通過學習其模式來生成新的音樂作品，從而應用於娛樂、遊戲和電影配樂等領域。

4. 影片生成：AIGC 技術還能生成影片內容，例如動畫、自動影片製作等，這為電影製作和媒體創作帶來了全新的可能性。

1-2.5 從屬關係總結

總結來說，**人工智慧**是一個廣泛的技術領域，包含許多子領域和技術應用。**機器學習**是人工智慧的子領域之一，專注於通過數據驅動的方式使機器自動學習和改進。**神經網路**則是機器學習的一種方法，特別是深度學習的核心技術，模仿人類大腦神經元結構來解決複雜的數據問題。

人工智慧生成內容則是人工智慧技術在創意領域中的應用，通過生成模型（如 GAN）來自動創建文字、圖像、音樂和影片等內容。這些技術彼此關聯並互相支持，共同推動了現代人工智慧技術的發展。

具體的從屬關係可以總結如下：

1. **人工智慧**：頂層領域，涵蓋了所有旨在讓機器表現出類似人類智慧的技術。

2. **機器學習**：人工智慧的子領域，專注於數據驅動的學習方法。

3. **神經網路**：機器學習中的一種方法，特別適合處理複雜和高度非線性的數據問題，並且是深度學習的核心。

4. **AIGC**：人工智慧技術的一種具體應用，通過神經網路和生成技術來創建內容。

各個技術領域和子領域的發展，彼此互動推動著人工智慧應用的廣泛擴展。隨著 AI 技術的不斷進步，未來這些領域之間的界限可能會變得更加模糊，但它們共同構建了我們今天所見到的智慧技術生態系統。

1-3　AIGC 簡介

　　人工智慧生成內容是指利用人工智慧技術自動生成的各種數位內容，包括文字、圖片、聲音、影像、程式碼、數據分析等。隨著人工智慧技術的快速發展，AIGC 已經廣泛應用於多個領域，極大地提高了內容創作的效率和品質。本文將介紹 AIGC 在不同領域的應用平台與工具，並簡述它們的影響與未來發展方向。

1-3.1　文字生成

1. **OpenAI GPT-4**：GPT-3（Generative Pre-trained Transformer 4）是目前最先進的自然語言生成模型之一，由 OpenAI 開發。GPT-4 能夠生成高水準的文章、詩歌、對話和技術文檔。具備極強的文字理解和生成能力，已廣泛應用於自動寫作、內容生成和智慧客服系統。

2. **Jasper AI**：Jasper AI 是一個針對市場營銷和內容創作的 AI 寫作工具，幫助企業自動生成廣告文案、部落格文章、社交媒體內容等。該平台基於 GPT-4 並進行了優化，以便更加適合商業文案的需求。

3. **Copy.ai**：Copy.ai 是另一款專注於自動化寫作的 AIGC 工具，幫助用戶創建商業文案、電商產品描述和行銷郵件等。Copy.ai 提供了多種模板，能夠快速生成針對不同場景的文字內容，適用於廣告、營銷和創意工作者。

▲圖 1-6　AIGC 文字生成

1-3.2 圖片生成

在圖像生成領域，生成對抗網路等技術使得 AI 能夠生成逼真的圖像，這在藝術、設計、遊戲開發和廣告創作等方面擁有廣泛的應用。

1. DALL‧E：DALL‧E 由 OpenAI 開發，是一種能根據文字描述生成圖像的 AI 模型。用戶只需輸入簡短的文字描述，DALL‧E 就能生成高水準的圖像。該技術在藝術創作、產品設計和概念圖生成等領域具有極大的潛力。

2. MidJourney：MidJourney 是另一款基於文字生成圖像的 AI 工具，它專注於藝術風格的圖像生成，用戶可以通過文字指令來創作具有藝術風格的圖像。MidJourney 在藝術家、設計師和創意愛好者中頗受歡迎。

3. Stable Diffusion：Stable Diffusion 是一種開源的 AI 圖像生成技術，它可以根據簡單的文字輸入生成高解析度的圖像。與其他圖像生成平台相比，Stable Diffusion 允許用戶在本地運行模型，因此在隱私性和控制方面具有優勢。

▲圖 1-7　AIGC 圖片生成

1-3.3 聲音生成

AI 在聲音生成領域的應用越來越廣泛，特別是在音樂創作、語音合成和音效生成方面。AI 生成的音樂和語音已經可以媲美人類創作。

1. OpenAI Jukedeck：Jukedeck 是一個 AI 音樂生成平台，用戶只需選擇音樂風格、節奏和長度，AI 便能夠自動生成音樂。這項技術特別適合影片製作者、遊戲開發者和廣告商，用於生成背景音樂。

2. AIVA（Artificial Intelligence Virtual Artist）：AIVA 是一款基於 AI 的音樂創作工具，能夠生成各種音樂風格的曲目，包括古典、電子和流行音樂。AIVA 已被應用於廣告、電影配樂和電子遊戲音樂的創作。

3. Resemble AI：Resemble AI 是一款語音合成平台，通過 AI 生成自然的人聲。該平台允許用戶自定義語音模型，並能夠將文字轉換為語音，用於配音、虛擬助理和語音導航系統。

▲圖 1-8　AIGC 聲音生成

1-3.4 影片生成

在影片生成領域，AI 技術已經能夠生成甚至合成高水準的影片內容。這在娛樂、遊戲和數位內容創作領域具有巨大的應用潛力。

1. **Runway ML**：Runway ML 是一個專注於影像生成和影片處理的 AI 平台。用戶可以通過簡單的文字輸入或圖像樣本，生成與影片相關的特效和動畫，這對影片剪輯和內容創作人來說是一個強大的工具。

2. **Synthesia**：Synthesia 是一款專門用於影片生成的 AI 平台，該技術可以讓用戶創建基於 AI 的虛擬主持人，將文字轉化為真人效果的影片內容。這項技術在企業培訓、廣告和教育影片中得到廣泛應用。

3. **DeepArt**：DeepArt 是一款將圖片和影像轉化為藝術風格的 AI 應用。用戶可以上傳自己的圖片或影片，然後選擇特定的藝術風格，AI 會自動將內容重新生成為藝術效果。這項技術對於創意領域的藝術家和設計師非常有吸引力。

▲圖 1-9　AIGC 影片生成

1-3.5 寫程式

AI 生成程式碼的技術已經顯著提高了開發效率,從自動生成程式碼片段到進行程式碼優化,這些工具使得程序設計過程變得更加高效。

1. GitHub Copilot：GitHub Copilot 是由 OpenAI 和 GitHub 合作開發的 AI 程式碼生成工具。該工具基於 GPT 模型,可以自動補全程式碼,並且根據上下文生成完整的程式碼段落,幫助開發者節省時間和精力。

2. Tabnine：Tabnine 是一個 AI 驅動的程式碼補全工具,支援多種程式語言,包括 JavaScript、Python、C++ 等。Tabnine 通過學習開發者的程式風格,自動生成符合需求的程式碼,從而加速開發過程。

3. DeepCode：DeepCode 是一款 AI 輔助的程式碼審查工具,能夠自動檢測和修復程式碼中的潛在問題。通過分析大量的開源項目和程式碼庫,DeepCode 可以識別常見的程式錯誤,幫助開發者提高程式碼品質。

▲圖 1-10　AIGC 程式生成

1-3.6 數據分析

AI 在數據分析領域的應用日益增多，特別是在大數據和商業智慧中，AI 技術能夠幫助企業從大量數據中挖掘有價值的資訊，並進行自動化決策。

1. **DataRobot**：DataRobot 是一個自動化機器學習平台，它可以幫助資料科學家和分析師自動構建和部署機器學習模型，從而加速數據分析流程。DataRobot 支援大數據分析、商業預測和風險管理等應用。

2. **H2O.ai**：H2O.ai 是一個開源平台，專注於自動化數據科學和機器學習。該平台提供了多種算法和工具，幫助用戶進行高效的數據分析和模型構建。H2O.ai 被廣泛應用於金融、保險和醫療等行業的數據分析。

3. **Alteryx**：Alteryx 是一個專注於數據準備、數據處理和預測分析的 AI 平台。該工具支援自動化數據工作流，並提供拖放式介面，幫助數據分析師快速處理和分析複雜的資料集。

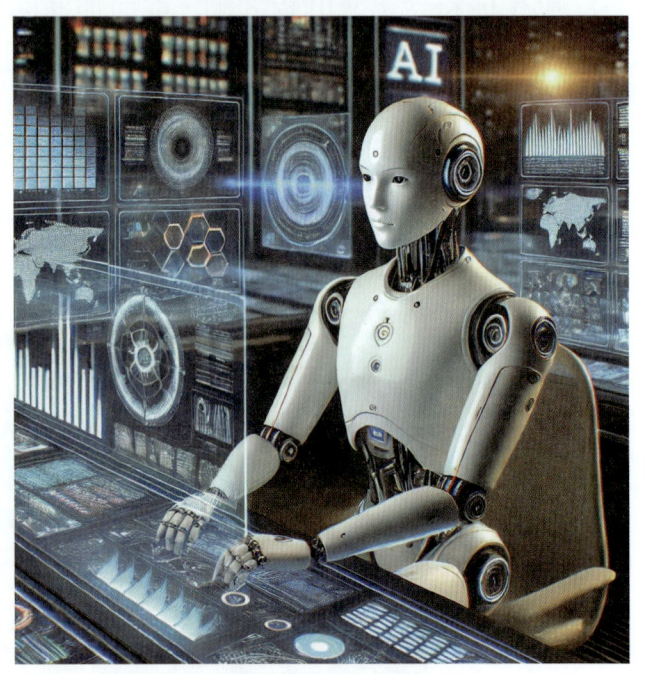

▲圖 1-11　AIGC 數據分析

> **小結**
>
> 　　AIGC 技術的發展為文字、圖片、聲音、影像、寫程式和數據分析等領域帶來了革命性的變化。各類 AI 平台已經讓內容創作和數據處理的效率大大提升，並為創意工作者、開發者和企業帶來了全新的工具。在之後的章節中，將對這些應用及其具體操作進行更深入的介紹，讓讀者能夠更好地理解和應用 AIGC 技術。

1-4　AI 素養與倫理

　　隨著人工智慧的快速發展，它對社會、經濟、科技等領域產生了深遠的影響。在這樣的背景下，AI 的素養與倫理成為了人們關注的重要議題。AI 技術帶來了前所未有的便利和效率，但同時也引發了隱私、偏見、公平性等問題。本文將從 AI 的倫理框架、科技奇點的概念、隱私保護、社會公平、國際合作、法律與規範等多個層面，探討 AI 素養與倫理的各個方面，並闡述 AI 應用中的潛在挑戰與機遇。

1-4.1　科技奇點與人工智慧的未來

　　科技奇點（Technological Singularity）是一個關鍵概念，指的是人工智慧首次超越人類智慧的時間點。根據提出者雷蒙德·庫茲威爾（Raymond Kurzweil）的預測，科技奇點將於 2045 年到來。這一時間點標誌著 AI 的功能會以爆炸性的速度增長，並可能對人類社會帶來深刻變革。

　　科技奇點的概念意味著 AI 將變得不僅僅是工具，而可能具備自主學習和決策能力。這樣的轉變會對社會結構、經濟模式以及人類生活方式產生顛覆性的影響。然而，隨著 AI 能力的提升，社會也將面臨越來越多的挑戰。例如，當 AI 具備足夠的智慧進行自主決策時，如何確保其決策是符合人類道德和倫理標準的？這些都是在科技奇點到來之前必須解決的問題。

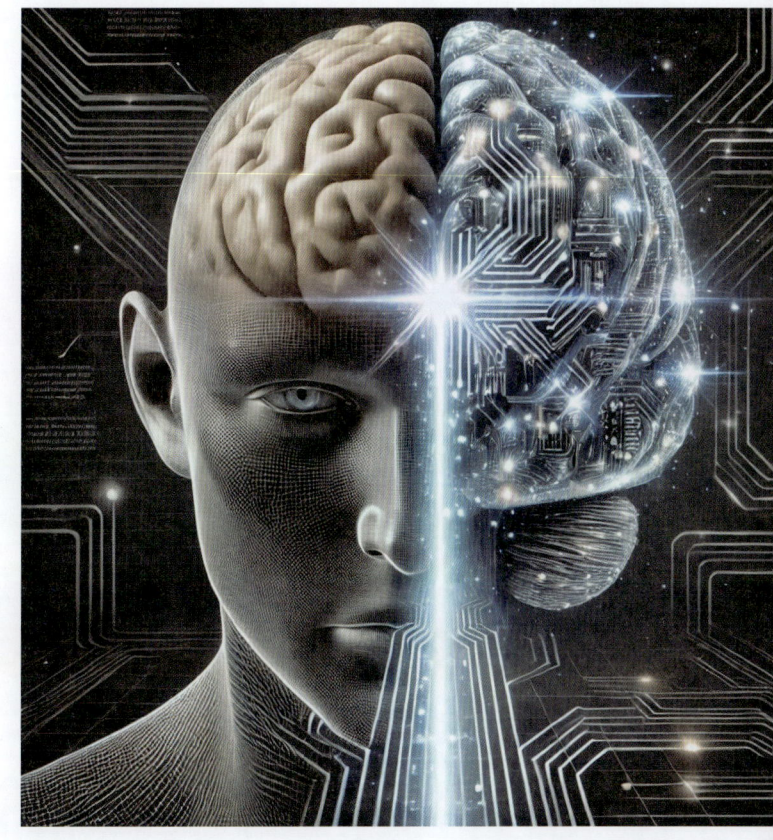

1-4.2 隱私與安全：AI 應用中的個人隱私保護

隨著 AI 的廣泛應用，隱私問題日益突出。AI 系統依賴於大量數據進行訓練和預測，這些數據包括用戶的個人資料、行為數據以及其他敏感資訊。對於 AI 技術的應用來說，保護個人隱私顯得至關重要。

AI 技術中常見的隱私挑戰包括數據的收集和使用問題。大數據技術使得企業和政府能夠收集到大量的個人數據，這些數據可能被用於各種用途，但其隱私保護措施卻往往不足。用戶數據的洩露或濫用可能導致嚴重的隱私侵害，甚至可能被不法分子利用進行詐騙或其他犯罪行為。因此，在 AI 應用中，應該引入強有力的隱私保護措施，確保數據的合法使用和處理。

AI 隱私保護的具體措施包括數據匿名化、數據加密和透明度管理。數據匿名化是指在數據處理過程中隱去與個人相關的識別資料，以保護用戶隱私。數據加密則是在數據傳輸和儲存時進行加密，防止未經授權的數據存取。而透明度管理則要求數據收集者告知用戶數據的用途和收集方式，並保證用戶對數據的控制權。

1-4.3 社會公平與偏見：AI 應用中的公平性挑戰

　　AI 系統在處理數據時，可能會無意中引入偏見，這些偏見源於訓練數據的偏差或演算法設計的問題。例如，面部識別技術可能對某些種族的人群識別效果不佳，而招聘演算法可能無意中對某一性別或群體存在偏見。這些問題可能導致不公平的結果，加劇社會不平等。

　　公平性是 AI 倫理中的核心議題之一。AI 系統需要公平對待每一個人，不能因為性別、種族、年齡或其他因素而出現偏見或歧視。為了解決這一問題，AI 開發者需要在設計和訓練模型時考慮多樣性，確保資料集的全面性和代表性。此外，應該對 AI 系統進行定期監測和評估，發現並糾正潛在的偏見。

　　透明度和問責制也是保障公平性的關鍵因素。AI 系統的決策過程應該透明化，讓用戶能夠理解 AI 做出決策的依據。此外，當 AI 系統出現問題或偏見時，應該有明確的責任機制來進行糾正，並對受害者進行補償。

Chapter 1　AI 與 AIGC 基礎理論與發展

1-4.4　國際合作與 AI 倫理

AI 的發展是一個全球性議題，涉及跨國界的技術共享、知識交流和風險管理。**國際合作** 在 AI 發展中的作用至關重要，不僅能夠促進技術進步，還能幫助各國共同解決 AI 帶來的倫理挑戰。

不同國家對 AI 的理解和應用可能有所不同，因此在全球範圍內建立統一的 AI 倫理標準是一個重要的目標。國際社會應該共同制定並遵循一些基本原則，如保護人權、促進社會公平、保障數據隱私等。此外，國際合作還有助於推動 AI 技術的可持續發展，確保技術的發展方向符合人類的長遠利益。

例如，歐盟已經發布了《人工智慧倫理指南》，強調 AI 技術的透明性、公平性和責任感。這些原則不僅對歐洲國家具有指導作用，還為其他國家的 AI 發展提供了參考。在全球範圍內推動這些倫理準則，能夠有效防止 AI 技術被濫用，並促進 AI 技術的健康發展。

1-4.5 法律與規範：AI 技術的法律框架

AI 的發展速度遠超過現有法律框架的適應能力，這導致許多國家尚未針對 AI 技術制定明確的法律規範。然而，隨著 AI 技術在各個領域的廣泛應用，法律規範的重要性日益凸顯。

AI 技術的法律框架應包括以下幾個方面：

1. **數據保護法規**：數據是 AI 運行的基礎，因此，針對數據蒐集、儲存和使用的法律規範必須完善。歐盟的《通用數據保護條例》（General Data Protection Regulation, GDPR）是數據保護法規的一個典型例子，該法規強調了用戶對個人數據的控制權，並要求企業在處理個人數據時遵循透明度原則。

2. **責任追究機制**：當 AI 系統做出錯誤決策或引發不良後果時，應該有清晰的責任分配機制。例如，無人駕駛汽車出現交通事故時，責任應由車輛的所有者、製造商還是 AI 開發者承擔？這些問題需要法律進行明確規定，以避免法律責任模糊不清的情況。

3. **知識產權保護**：AI 生成內容在音樂、影像、藝術創作等領域已經崛起，但由 AI 生成的作品是否享有知識產權仍存在爭議。法律需要針對這些新興的技術應用制定具體規範，確保知識產權得到保護，同時促進技術創新。

4. **AI 系統的安全性和風險管理**：AI 技術的應用帶來了新的風險，例如深偽技術（Deepfake）可能被用於製造虛假訊息或攻擊他人聲譽。法律需要針對這些潛在風險進行監管，防止 AI 技術被惡意使用。

1-4.6 AI 素養：提升公眾對 AI 的認知

AI 素養是指個人對人工智慧的理解、應用和批判性思考的能力。在日常生活中，AI 技術已無處不在，例如手機的語音助理、推薦系統和個性化廣告等。因此，提升公眾對 AI 的基本認識非常重要。

1. **理解 AI 的基本原理**：人們需要了解 AI 是如何運作的，尤其是像機器學習、神經網路這些核心技術，這能幫助他們明白 AI 的能力和局限。

2. **應用 AI 技術**：學會使用一些簡單的 AI 工具，例如自動生成文字、圖片或數據分析等，能幫助個人在生活和工作中提高效率。

3. **批判性思考**：AI 技術並非完美，個人需要具備判斷 AI 系統結果的能力，質疑它是否帶有偏見或是否侵犯隱私。

提升 AI 素養能幫助人們適應科技變革、避免被技術操控，並參與有關 AI 倫理的公共討論。通過教育、媒體普及和推動簡單易用的 AI 工具，我們可以讓更多人具備理解和使用 AI 的能力，推動 AI 技術的健康發展。

Chapter 1 課後習題

▰ 單選題 ▰

( ) 1. 下列何者不是 1956 年達特茅斯會議中提出的人工智慧目標？
    (A) 能夠自主飲食　　　　(B) 能夠理解抽象概念
    (C) 能夠自我改進　　　　(D) 能夠使用語言。

( ) 2. 下列何者是 1956 年達特茅斯會議中提出的人工智慧目標？
    (A) 能夠自我改進　　　　(B) 能夠模仿人類的情緒
    (C) 能夠執行家務　　　　(D) 能夠進行日常飲食。

( ) 3. 下列何者不是強人工智慧的特點？
    (A) 具備自我學習能力　　(B) 能夠模仿人類情感
    (C) 具有問題解決能力　　(D) 具有抽象推理能力。

( ) 4. 下列何者不是弱人工智慧的應用？
    (A) 擁有情感的掃地機器人　(B) 人臉識別系統
    (C) AlphaGo　　　　　　　(D) 無人駕駛車。

( ) 5. 下列何者是人工智慧的主要應用領域？
    (A) 錢幣設計　　　　　　(B) 人類生物感知
    (C) 行星探索　　　　　　(D) 自然語言處理。

( ) 6. 下列何者是強人工智慧的目標？
    (A) 執行單一專業領域的任務　(B) 僅針對遊戲中的應用
    (C) 模仿動物的情感反應　　　(D) 自主學習並解決複雜問題。

( ) 7. 下列何者是人工智慧發展的主要挑戰？
    (A) 偏見和倫理問題　　　(B) 大數據的快速增長
    (C) 網際網路的廣泛應用　(D) 計算能力的快速增長。

( ) 8. 下列何者是第一次人工智慧浪潮失敗的原因？
    (A) 大數據技術發展緩慢　(B) 電腦效能低
    (C) 缺乏機器學習模型　　(D) 高性能的硬體支援。

(　　) 9. 下列何者是生成對抗網路（GAN）的應用範疇？
    (A) 金融風險評估　　　　(B) 網頁設計布局
    (C) 自動生成圖片　　　　(D) 手工製作插畫。

(　　) 10. 下列何者不是人工智慧的倫理挑戰？
    (A) 隱私保護　　　　　　(B) 自動化對就業的影響
    (C) 地球人口增加　　　　(D) 偏見問題。

(　　) 11. 下列何者不是機器學習中的監督學習演算法？
    (A) 線性回歸　(B) 支持向量機　(C) 決策樹　(D) K 均值聚類。

(　　) 12. 下列何者是機器學習的應用場景？
    (A) 手工繪製插畫　　　　(B) 傳統文學創作
    (C) 金融風險評估　　　　(D) 製作手工藝術品。

(　　) 13. 下列何者不是強化學習的特點？
    (A) 依賴標記數據進行訓練　(B) 基於獎勵進行學習
    (C) 通過試錯法進行優化　　(D) 適合動態環境。

(　　) 14. 下列何者是卷積神經網路（CNN）的特點？
    (A) 提取時間序列信息　　(B) 用於情感分析
    (C) 處理純文本數據　　　(D) 用於圖像處理和特徵提取。

(　　) 15. 下列何者是神經網路技術的一個重要應用？
    (A) 進行物理運動　　　　(B) 圖像識別
    (C) 處理高頻數據　　　　(D) 設計圖表。

(　　) 16. 下列何者不是深度學習的特徵？
    (A) 需要大量數據和高效能計算資源　(B) 依賴少量數據進行訓練
    (C) 適用於非線性數據處理　(D) 利用多層神經網路結構。

(　　) 17. 下列何者是關於生成對抗網路（GAN）的敘述，哪一項是正確的？
(A) GAN 是一種用來儲存大量資料的雲端技術　(B) GAN 是由一個生成器和一個判別器互相對抗學習的模型　(C) GAN 是一種只能進行數學計算的傳統演算法　(D) GAN 是一種硬體裝置，用來加速影像處理。

(　　) 18. 下列何者不是卷積神經網路的特點？
(A) 適合處理文本數據　　　(B) 提取圖像特徵
(C) 用於影像辨識　　　　　(D) 利用卷積層進行數據處理。

(　　) 19. 下列何者是深度學習的核心技術？
(A) 神經網路　(B) 手工編寫代碼　(C) 圖像壓縮　(D) 錢幣設計。

(　　) 20. 下列何者是強化學習的應用？
(A) 圖像編輯　　　　　　　(B) 人工繪畫
(C) 自動駕駛系統　　　　　(D) 傳統藝術創作。

(　　) 21. 小明在手機上使用一款「AI 大頭貼產生器」App，只要上傳一張自拍照，App 就能產生他穿古裝、變動漫風、甚至模擬老年樣貌的圖片。這種能夠生成擬真圖片的 AI 技術，很可能就是使用了下列哪一種方法？
(A)協同過濾演算法（Collaborative Filtering）　(B)邏輯推論模型（Logic Reasoning Model）　(C)生成對抗網路（GAN）　(D)強化學習演算法（Reinforcement Learning）

(　　) 22. 下列何者是 AI 生成內容技術中的文本生成工具？
(A) GPT-3　(B) Premiere　(C) Photoshop　(D) Blender。

(　　) 23. 下列何者是 AI 技術推動的創新領域之一？
(A) 自動駕駛技術　　　　　(B) 民俗文化保存
(C) 哲學研究　　　　　　　(D) 文學批評。

(　) 24. 下列何者是 AI 生成內容技術的應用範疇？
(A) 傳統文字創作　(B) 製作手工藝術品　(C) 自動生成圖像、音樂和文本　(D) 自動書寫詩詞。

(　) 25. 小芸在準備學校的美術作業時，使用了一個網站，輸入關鍵字「貓咪在宇宙中彈吉他」，網站就幫她自動生成了一張非常逼真的圖片，根本就像真的拍出來的一樣。請問這種能夠根據文字自動創造圖片的技術，背後最有可能使用了哪一種 AI 模型？
(A) 自然語言處理模型（NLP）　(B) 協同推薦系統（Collaborative Filtering）　(C) 生成對抗網路（GAN）　(D) 資料壓縮演算法（Compression Algorithm）。

(　) 26. 下列何者不是人工智慧倫理中的挑戰？
(A) 偏見與歧視　　　　　　(B) 自動化對就業的影響
(C) 隱私問題　　　　　　　(D) 計算資源過高。

(　) 27. 下列何者是人工智慧倫理中的一個關鍵問題？
(A) 網路傳輸速度　　　　　(B) 大數據技術
(C) 計算能力增長　　　　　(D) 公平性與透明度。

(　) 28. 下列何者不是人工智慧倫理相關的問題？
(A) 電腦效能過低　　　　　(B) 自動化對就業的影響
(C) 偏見與歧視　　　　　　(D) 隱私保護。

(　) 29. 下列何者是與人工智慧倫理相關的議題？
(A) 科技創新與競爭力　　　(B) 商業模式與營運策略
(C) 法律合規與風險管理　　(D) 社會公平與平等。

(　) 30. 下列何者是科技奇點的意義？
(A) 科技的發展將永遠無法超越人類的智慧　(B) 科技的發展已經陷入了停滯和瓶頸　(C) 科技的發展已經達到了頂峰　(D) 科技的發展將引發劇烈的變革和進步。

Chapter 2

AIGC 圖文生成工具與應用

2-1 文字生成工具介紹

2-2 圖像生成工具介紹

2-3 圖文生成 AIGC 在產業中的應用

2-1　文字生成工具介紹

隨著人工智慧的飛速發展，文字生成工具已經成為了許多行業中不可或缺的創作輔助工具。這些工具基於大型語言模型（Large Language Model, LLM）進行操作，具備生成邏輯和語法正確文字的能力。無論是在寫作、翻譯、對話模擬，還是商業報告撰寫，這些工具都展示了強大的創作潛力。本文將深入探討文字生成工具的技術背景，並介紹如何有效使用這些工具生成高品質的文字。隨後，我們將針對當前市場上幾個主流的文字生成工具進行深入介紹，包括 ChatGPT、Google Bard、Claude 及 Bing Chat 等，並提供更多實際範例來展示這些工具的強大功能。

2-1.1　文字生成工具的技術背景

文字生成工具的核心技術是基於深度學習和神經網路，尤其是 Transformer 模型的應用。該架構由 Vaswani 等人在 2017 年提出，解決了先前序列模型在處理長距依賴性文字時的局限性。Transformer 模型利用「自注意力機制」（Self-Attention Mechanism）來捕捉序列中每個單詞之間的關聯，並有效地處理大規模文字數據，從而生成更加流暢且邏輯嚴密的文字。

最具代表性的文字生成模型是 OpenAI 的 GPT 系列。GPT（Generative Pre-trained Transformer，生成預訓練轉換器）模型的創新之處在於其「預訓練 - 微調」框架。該模型首先在大量的網際網路文字數據上進行預訓練，從而學習語言的基本結構和語義，然後通過微調技術來適應特定任務或應用場景。這種方式使得 GPT 能夠在生成文字時具備上下文理解能力，並且可以針對不同的提示生成相應的內容。

除了 GPT 模型之外，Google 開發的 BERT（雙向編碼器表示技術，Bidirectional Encoder Representations from Transformers）和 LaMDA（對話程式語言模型，Language Model for Dialogue Applications）等技術也為文字生成領域提供了更多選擇。BERT 專注於理解句子間的語義關聯，而 LaMDA 則強化了對話生成的自然性和持續性。這些技術的發展為現代文字生成工具提供了強大的技術基礎。

2-1.2 使用文字生成工具的技巧

文字生成工具的成功應用取決於如何撰寫提示（Prompt）。提示的水準直接影響生成文字的內容和精確度。以下是一些使用文字生成工具的實際技巧，以及幾個具體的例子來展示如何利用這些技巧提升文字生成的效果。

1. 具體化任務目標

撰寫具體的提示是獲得高品質文字生成的關鍵之一。對於文字生成工具而言，清晰地描述期望的內容類型可以大幅提高生成內容的準確性。例如，若想生成一篇有關全球變暖的科學報告，可以這樣撰寫提示：

> **提示範例：**
> 「撰寫一篇針對大學生的科學報告，探討全球變暖的主要原因、影響及未來預測，並引用至少三個科學研究支持論點。」

這樣的提示具體化了內容主題、對象群體以及所需的論據，使得生成的內容更加符合要求。

2. 設定角色與語氣

在某些情況下，您可能需要文字生成工具模擬特定的角色來生成更具風格的內容。例如，讓工具模擬一位教授的語氣解釋一個複雜的技術概念，會使生成的文字更具學術性和權威性。這可以通過在提示中加入角色設定來達成。

> **提示範例：**
> 「假設你是一位大學教授，請幫我解釋機器學習的基本原理，並以簡單易懂的方式闡述神經網路如何用於圖像識別。」

透過這種提示，生成的內容將會模擬學術論述，並且避免過於複雜的術語，使讀者更容易理解。

3. 提供上下文資料

   提示中提供適當的上下文資料能夠幫助工具更好地理解需求，從而生成更精準的內容。這在生成報告或技術文件時尤為重要。提供具體的數據或資料作為生成的基礎，可以提升生成文字的專業性。

   > **提示範例：**
   > 「以下是過去十年全球平均氣溫的數據，請根據這些數據撰寫一份氣候變化趨勢報告，並預測未來五年的變化趨勢。」

   透過提供具體的數據和背景，文字生成工具可以生成具有針對性的報告，而不是空泛的敘述。

4. 分步生成複雜內容

   當需要生成較為複雜或長篇的內容時，可以將提示分成多個步驟，逐步引導工具生成所需的文字。這種方式可以更好地控制生成內容的水準，避免生成過程中的邏輯錯誤或資訊缺失。

   > **提示範例：**
   > 「首先，根據下列數據描述全球變暖的主要趨勢。接著，分析導致這些趨勢的潛在因素，最後，給出對未來的預測。」

   這種分步驟提示可以引導工具循序漸進地生成內容，確保報告的結構合理且資料完整。

5. 進階提示技巧

   當對文字生成有更高要求時，可以採用一些進階提示技巧，例如使用背景資料或目的明確的提示來精確引導工具生成特定格式或風格的文字。

   > **提示範例：**
   > 「假設你是一位資深市場分析師，根據以下市場數據，幫我撰寫一份針對 Z 世代的產品推廣策略報告，要求報告包含市場現狀分析、潛在客戶需求和行銷策略建議。」

   這樣的提示具體描述了身分、數據背景和預期目標，能幫助工具生成更專業且針對性強的文字。

2-1.3 ChatGPT 的基本使用與版本比較

在瞭解了文字生成工具的技術背景與使用技巧後，以下將針對 ChatGPT 進行更詳細的介紹，包括如何登入與使用，以及不同版本的功能比較。

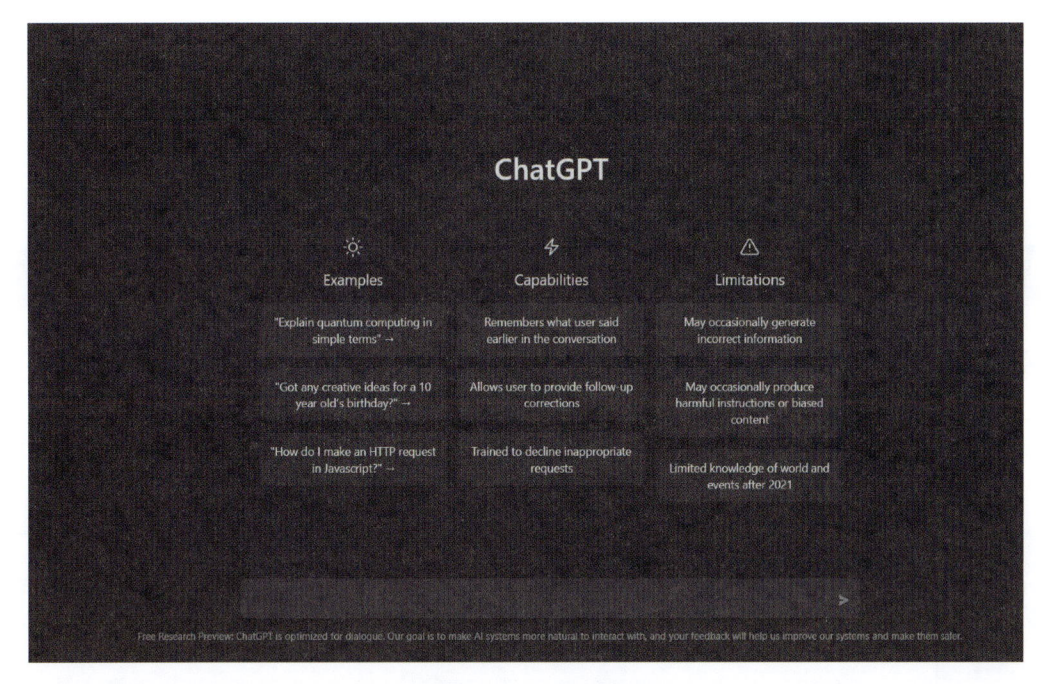

▲圖 2-1　ChatGPT

1. **登入與使用教學**

    (1) 註冊與登入

    - 進入 ChatGPT 官方網站。
    - 如果沒有帳號，點選「Sign Up」或「Sign in with Google/Microsoft」，依照步驟建立新帳號並登入。

    (2) 選擇計畫

    - ChatGPT 提供免費方案（GPT-4o mini）與付費方案 ChatGPT Plus（GPT-4.5、Ghat GPT Pro）。用戶可依需求選擇合適的方案。

    (3) 輸入提示並查看結果

    - 成功登入後，在聊天框中輸入問題或指令並按下 Enter。
    - ChatGPT 會根據提示產生回應。可以連續輸入追問，以取得更深入的回答。

(4) 探索其他功能

- **對話紀錄**：ChatGPT 會記錄先前的對話內容，使後續回應能延續上下文。
- **API 整合**：若是開發者，可透過 OpenAI API 與 ChatGPT 進行整合，用於應用程式或網站。

2. 各版本功能比較

下表簡要比較了 ChatGPT 不同版本的功能與適用情境：

版本	主要特點	適合對象
免費	免費使用；速度快；在大型或高複雜度問題上偶有不足	一般用戶、入門使用
Plus / Pro	溝通表達更流暢；理解上下文更深入；能處理更複雜的任務	專業用戶、對精準度與詳細度要求高的情境
API 版本	允許開發者自行整合；可擴充至各種應用情境	開發者、生態系建置者
企業 / 專業版	針對企業需求優化；提供更高的資料隱私保障與可客製化模型	中大型企業、對隱私和客製化有需求者

> **一般建議：**
> - 若僅作日常搜尋、學習或簡易寫作，可選擇免費版本。
> - 若經常需要更複雜或精準的分析，可升級為 Plus 方案。
> - 若您是開發者或組織，則可考慮使用 API 版本或企業版，方便將 AI 整合到產品或工作流程中。

2-1.4 ChatGPT 的功能與運作

作為目前最具代表性的文字生成工具之一，ChatGPT 擁有廣泛的應用場景。基於 GPT 模型的強大能力，ChatGPT 能夠生成高水準的文字，並在日常工作中提供多種功能支持。以下是 ChatGPT 的幾個主要功能，以及相關的具體使用範例。

1. 問題回答

    ChatGPT 能夠根據用戶輸入的提示回答問題，特別是在技術問題或常見問題的回答上表現出色。由於它基於龐大的文字資料進行訓練，因此在回答問題時可以給出詳細且邏輯嚴謹的答案。

    > **提示範例：**
    >
    > 「什麼是量子計算？請以簡單的語言解釋。」
    >
    > **ChatGPT 生成的答案：**
    >
    > 「量子計算是一種基於量子力學原理的新型計算方式。與傳統電腦使用的比特不同，量子電腦使用量子位元（qubit），可以同時處於多種狀態中。這使得量子電腦在處理複雜問題時比傳統電腦更有效。例如，在加密和藥物設計等領域，量子計算可以顯著加快解決問題的速度。」

2. 內容創作

    ChatGPT 在創作文字方面非常強大，無論是短篇對話、故事創作，還是技術報告，都能根據提示生成相應格式的文字。這使得它在寫作、編劇等創意領域中十分實用。

    > **提示範例：**
    >
    > 「撰寫一篇以未來城市為背景的短篇科幻故事。」
    >
    > **ChatGPT 生成的故事開頭：**
    >
    > 「在公元 2150 年，世界上第一座浮空城市『奧羅拉』誕生。這座城市懸浮在距地面 3000 米的高空，依賴於強大的反重力引擎運作。奧羅拉是科技與自然的完美結合，每棟大樓都被綠色植物包圍，並且完全由人工智慧管理。市民們過著無憂無慮的生活，直到有一天，城市的控制系統突然發生故障，開始以極快的速度下降⋯⋯」

3. 對話模擬

ChatGPT 可以模擬人類對話，進行即時且上下文相關的交流。這使得它能夠在客戶服務、自動回應和虛擬助手等場景中應用。

> **提示範例：**
>
> 「我今天感覺很疲憊，應該怎麼辦？」
>
> **ChatGPT 生成的回應：**
>
> 「很抱歉聽到你感到疲憊，這可能是身體需要休息的信號。你可以嘗試做一些放鬆的活動，例如冥想、深呼吸或散步，讓自己放鬆下來。如果可能的話，確保你有足夠的睡眠和營養，這對恢復體力至關重要。如果長期感到疲憊，建議你與醫生討論，找出潛在的原因。」

4. 語言翻譯

ChatGPT 具備多語言處理能力，能夠進行語言翻譯，這在跨語言交流中非常有用。

> **提示範例：**
>
> 「將這段英文翻譯成中文：『Artificial intelligence is transforming industries worldwide.』」
>
> **ChatGPT 生成的翻譯：**
>
> 「人工智慧正在改變全球的各個行業。」

2-1.5 其他常見的文字生成工具

除了 ChatGPT，還有其他幾個主要的文字生成工具，它們各具特色，並適用於不同的應用場景。以下將對每個工具進行深入介紹，並提供實際應用範例。

1. Google Gemini

Google Gemini 是 Google 基於全新一代多模態模型的生成工具，作為 LaMDA 的進化版本，它融合了更先進的自然語言處理和多模態能力，不僅能處理文字，還能理解圖像、表格等多種數據格式。其特色在於擁有即時網路數據處理能力，並支持語音指令與外掛功能，使其成為一款多功能且智慧的生成工具。

▲圖 2-2　Google Gemini

Google Gemini 的功能：

- **即時資訊處理**：Google Gemini 能夠基於最新的網際網路數據生成內容，無論是關於當前新聞、事件，還是市場趨勢。例如，用戶詢問當前股市走勢，Google Gemini 可以根據最新的金融數據提供精確的回應，讓生成結果始終與時俱進。

- **多模態支持**：與之前的 Bard 相比，Google Gemini 不僅支持文字輸入，還能理解和處理圖像、表格等多種數據格式，這使其在技術報告撰寫、數據可視化等應用場景中更具優勢。

- **語音指令支持**：Google Gemini 支持語音輸入，方便用戶在行動裝置上操作，無需鍵入內容即可與工具進行互動，提升使用體驗。

> **提示範例：**
> 「請幫我撰寫一份針對新興技術的報告，並根據最新的技術趨勢提供分析。」
>
> **Google Gemini 生成的答案：**
> 「根據 2024 年的技術趨勢報告，新興技術如量子計算、生成式人工智慧（AIGC）、以及 5G 和 6G 的研發正迅速推動各行業的變革。量子計算正在數據處理和加密技術中發揮關鍵作用，AIGC 已逐步應用於內容創作與個性化服務中，而次世代網路技術將進一步推動物聯網、自動駕駛和智慧城市的發展。此外，跨模態技術的發展也使得人機互動更加自然，企業需要快速適應這些技術趨勢才能保持競爭力。」

2. Claude

   Claude 是由 Anthropic 開發的一款文字生成工具，它特別強調生成內容的安全性和倫理性，旨在減少偏見和不當內容的生成風險。這使得 Claude 成為一些需要高安全性場景的理想選擇，例如金融、醫療和教育領域。

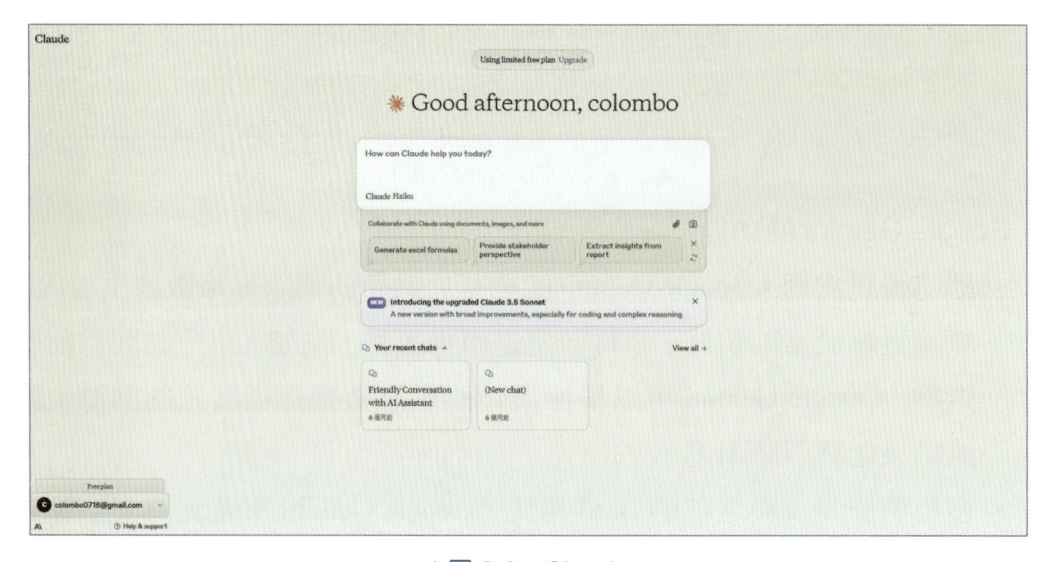

▲圖 2-3　Claude

Claude 的功能：

- **安全性與倫理性**：Claude 內置了強大的監控系統，能夠識別並避免生成具有歧視性或攻擊性的內容，確保生成的文字符合倫理標準。
- **減少偏見**：該工具通過不斷調整模型，來減少模型在生成過程中的潛在偏見，這在某些對安全性要求較高的場景中尤為重要。

> **提示範例：**
> 「請幫我撰寫一篇關於金融科技發展的文章，並強調金融科技對社會公平的影響。」
>
> **Claude 生成的答案：**
> 「金融科技的發展不僅推動了金融行業的創新，還對社會公平產生了深遠影響。儘管金融科技提升了金融服務的可及性，尤其是為那些傳統金融系統未能覆蓋的群體提供了新的機會，但我們也必須注意到它可能加劇數位鴻溝。因此，在發展金融科技時，應強調技術的普惠性，確保所有人群都能公平地享受科技帶來的便利。」

3. Microsoft Copilot

Microsoft Copilot 是一款整合於 Microsoft 產品和服務中的 AI 工具，基於 GPT 技術和即時搜尋功能。作為 Bing Chat 的升級版，它能夠無縫整合到 Microsoft 365 和其他應用中，不僅提供即時搜尋結果，還能根據用戶需求生成高效、精準的內容，提升生產力。

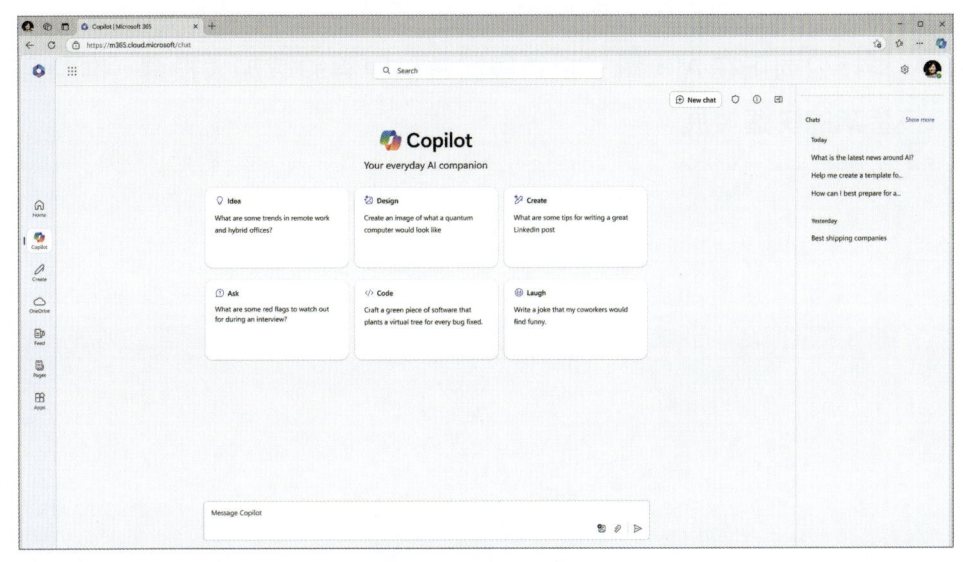

▲圖 2-4　Copilot

Microsoft Copilot 的功能：

- **即時搜尋與資訊整合**：Microsoft Copilot 能夠即時存取網路數據，生成基於最新資訊的回應，並在文字生成中融入搜尋結果。例如，用戶在編寫報告時可以直接獲取即時數據和相關分析，無需切換到其他搜尋工具。

- **深度整合到工作流**：Copilot 可嵌入於 Microsoft Word、Excel、PowerPoint 和 Teams 等應用中。它能根據用戶的工作內容生成文檔、分析數據、製作簡報，甚至參與會議筆記的記錄與總結，大幅提升辦公效率。

- **自適應智慧助手**：Copilot 能夠根據用戶的歷史操作和需求，調整生成內容的風格和結構，例如專業報告、創意文案或數據分析摘要，確保生成結果精準契合需求。

> **提示範例：**
> 「請告訴我目前全球主要科技公司的最新動態，並總結它們的未來發展方向。」
>
> **Microsoft Copilot 生成的答案：**
> 「根據最新的新聞報導，Apple 正在專注於 AR/VR 技術的升級，計劃在未來幾年內推出新一代混合現實裝置。Microsoft 則持續擴展其 Azure 雲端服務，並將生成式人工智慧整合到更多產品中，如 Teams 和 Office。Google 在量子計算領域取得進展，並將其應用於前沿科學研究。此外，Amazon 也在不斷優化其 AWS 平台，探索更多 AI 驅動的解決方案。這些科技公司正在 AI、量子技術與雲端計算等領域加大投資，推動全球科技產業的快速發展。」

2-1.6 提示撰寫的進階技巧

隨著使用文字生成工具的深入，撰寫高水準的提示變得越來越重要。進階的提示技巧能夠幫助生成更符合預期的文字，尤其是在面對複雜或專業內容時。

1. 使用分步提示生成長篇內容

當需要生成較為複雜的長篇內容時，可以將任務分成多個小步驟，逐步引導工具生成所需的文字。這樣的策略能夠避免一次性生成過多文字，並保證每個部分的內容水準。

> **提示範例：**
> 「第一步，根據下列數據描述全球暖化的趨勢；第二步，分析導致這些趨勢的主要原因；第三步，根據上述分析給出對未來的預測。」

2. 結合數據與背景資料生成專業內容

當需要生成技術或專業領域的內容時，提供具體的數據或背景資料作為提示的基礎，能夠顯著提高文字的準確性。

> **提示範例：**
> 「根據以下的市場數據，幫我撰寫一份分析報告，並對市場潛力進行預測。」

小結

隨著文字生成技術的不斷進步，這些工具正成為日常工作中的重要幫手。無論是內容創作、技術報告，還是對話模擬，文字生成工具都能顯著提升效率。然而，這些工具也有其局限性，特別是在處理最新事件或進行複雜語境分析時。隨著 AI 技術的不斷演進，未來的文字生成工具將會更加精確、強大，並能夠應對更多的應用場景。

2-2　圖像生成工具介紹

隨著人工智慧技術的不斷進步，圖像生成工具已經成為了數位創作領域中不可或缺的工具。這些工具能夠自動生成逼真的圖像，並且能夠依據文字提示來創建不同風格、質感和場景的圖像。基於生成對抗網路等技術，圖像生成工具在設計、創意、商業應用等領域展現了強大的潛力。本文將深入探討圖像生成的技術背景，並詳細介紹當前市場上幾個主要的圖像生成工具，包括MidJourney、DALL·E、Stable Diffusion 及 Bing Image Creator 等，探討它們的技術架構、應用場景及使用技巧。

2-2.1　AIGC 圖像生成技術概述

AIGC 圖像生成工具的核心技術之一是生成對抗網路。生成對抗網路由兩個主要部分組成：**生成器（Generator）和判別器（Discriminator）**。生成器負責創建新的圖像，而判別器的作用是區分生成圖像與真實圖像的區別。生成器的目標是創建足夠逼真的圖像來欺騙判別器，而判別器的目標則是正確判斷圖像是否為真實圖像。這種生成與判別的對抗性結構促進了模型的迭代進步，最終生成高水準且極具真實感的圖像。

1. 生成對抗網路（GAN）

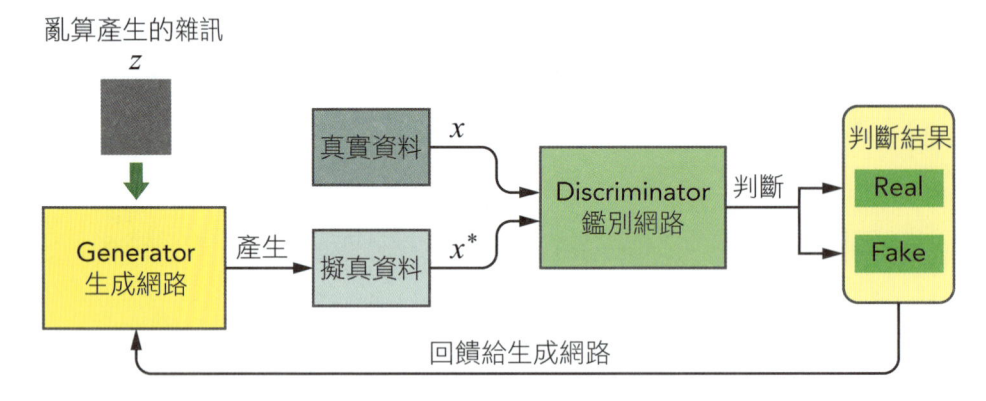

▲圖 2-5　生成對抗網路

GAN 的工作原理可以通過一個簡單的比喻來理解：想像有一位畫家（生成器）和一位鑑賞家（判別器）。畫家試圖創作出非常逼真的畫作來騙過鑑賞家，而鑑賞家的任務是指出哪些畫作是虛假的，哪些是真實的。隨著時間的推移，畫家逐漸提高了自己的技藝，創作出越來越逼真的畫作，而鑑賞家也在不斷學習，變得越來越擅長分辨真偽。這種對抗的過程讓

GAN 能夠生成越來越高品質的圖像。

GAN 的成功應用促進了圖像生成技術的發展，尤其是在藝術創作、設計和電影特效等領域，生成的圖像可以逼真到足以讓人難以分辨。GAN 技術也被廣泛應用於人臉生成、風景創作、圖像修復以及超分辨率圖像生成等方面。

2. 卷積神經網路（CNN）

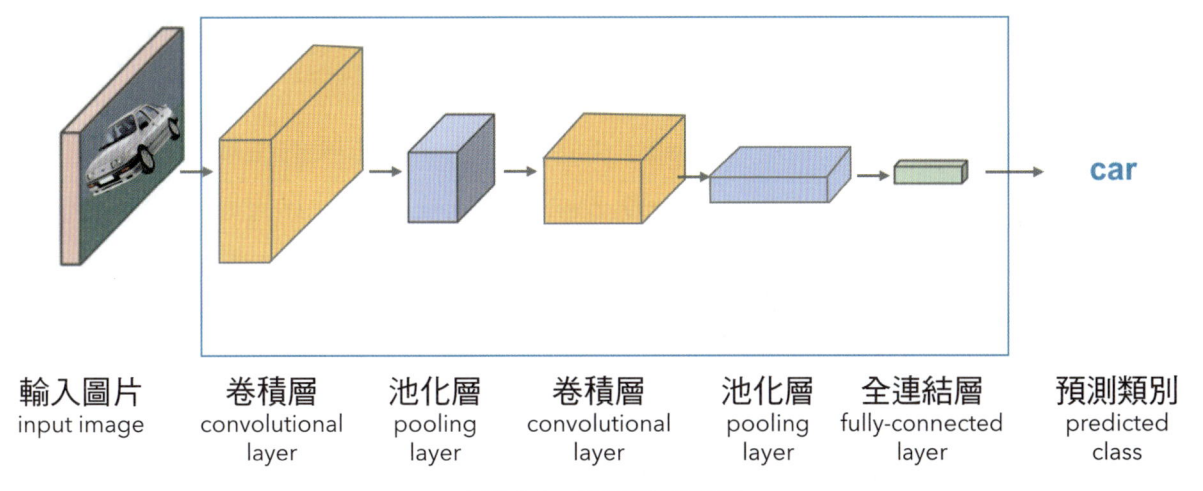

▲圖 2-6　卷積神經網路

儘管 GAN 是目前圖像生成領域的主流技術，但其他技術如**卷積神經網路**也在圖像處理中發揮了重要作用。CNN 本來是設計用來處理圖像數據的神經網路架構，擅長在大量數據中提取特徵，並應用於圖像分類和檢測任務。隨著技術的演進，CNN 不僅在圖像識別領域佔據主導地位，也成為圖像生成工具中的一部分。

GAN 和 CNN 通常被結合使用，以產生更高水準的生成圖像。例如，GAN 負責圖像生成，而 CNN 可以用於判斷圖像的真實性或對生成的圖像進行進一步的優化。此外，圖像生成中的**超分辨率技術（Super-Resolution）**也經常依賴 CNN 來提高圖像的清晰度和細節，特別是在醫療影像處理和老照片修復領域應用廣泛。

3. 其他關鍵技術

除了 GAN 和 CNN，還有其他技術在圖像生成領域發揮了重要作用。以下是一些常見的圖像生成技術：

- 自回歸模型（Autoregressive Models）：這類模型逐像素生成圖像，每生成一個像素就基於之前生成的像素進行下一步操作。這種逐步生成的方式能夠產生高度細緻的圖像，但相對較慢。
- 變分自編碼器（Variational Autoencoders, VAE）：VAE 是一種能夠生成潛在空間（latent space）中連續變化的圖像生成模型，經常被用於生成不同類型的圖像變體。
- 擴散模型（Diffusion Models）：這是一種逐步去噪的生成方法，模型從完全隨機的噪聲開始，不斷去除噪音以逐步逼近真實圖像。擴散模型最近在 AIGC 領域表現出色，尤其是在 Stable Diffusion 等工具中。

這些技術的結合和不斷改進，使得 AIGC 圖像生成工具能夠在各種領域創造出豐富多樣的圖像效果。

2-2.2 常見的圖像生成工具

圖像生成工具在不同的應用場景中發揮著各自的優勢。以下介紹目前市場上幾個最受歡迎的圖像生成工具，並深入探討它們的技術特點和應用場景。

1. ImagineArt

    是一款為創意工作者設計的 AI 圖像生成工具，提供了豐富的藝術風格選擇，並支援多平台操作，包括網頁版、Google Play 和 Apple App Store 應用程式。該工具基於文字提示生成圖像，以其易用性和多功能性深受插畫家、設計師和創意從業者的喜愛。

    技術背景與特點

    ImagineArt 的核心生成技術結合了多種深度學習模型，能夠快速生成高品質的圖像，並支援多種藝術風格，如 3D 遊戲藝術、向量插畫、數位藝術和寫實風格等。工具的操作簡單，用戶只需輸入文字描述，即可在短時間內生成視覺效果突出的圖像。ImagineArt 還提供即時調整功能，用戶可以根據需求修改生成的圖像風格和細節，從而實現個性化的創作。

應用場景

ImagineArt 適合多種創意和設計場景，包括插畫創作、概念設計、廣告設計和數位內容創作。由於其跨平台支援，設計師可以在移動裝置或桌面電腦上隨時創作。此外，ImagineArt 在遊戲設計、產品概念視覺化以及教育演示等領域也展現了極大的應用潛力。

提示範例：

「生成一幅復古風格的未來城市插畫，帶有昏暗燈光和飛行汽車。」

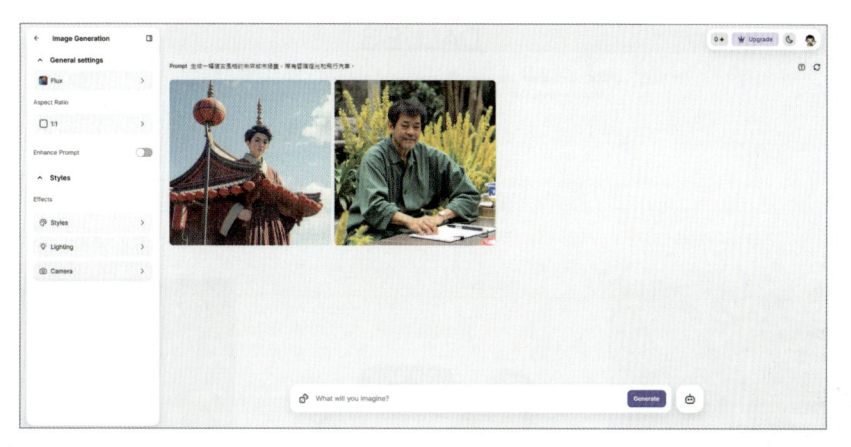

生成結果：

ImagineArt 會根據描述生成多種風格選擇的圖像，用戶可以挑選一幅進行放大或細節調整，最終創作出具有魔幻氛圍的高水準插畫。

ImagineArt 的簡單操作和豐富功能，使其成為創意工作者不可或缺的強大工具。

2. DALL·E

由 OpenAI 開發的一款強大圖像生成工具，使用與 ChatGPT 相同的技術基礎──生成預訓練變換器（GPT）模型。DALL·E 的獨特之處在於，它能夠將文字描述轉換為逼真的圖像，並且支持上傳圖片進行編輯與變體生成。這讓 DALL·E 成為一個非常靈活的創作工具，無論是純文字生成還是基於圖像的變體創作，都能夠滿足不同的需求。

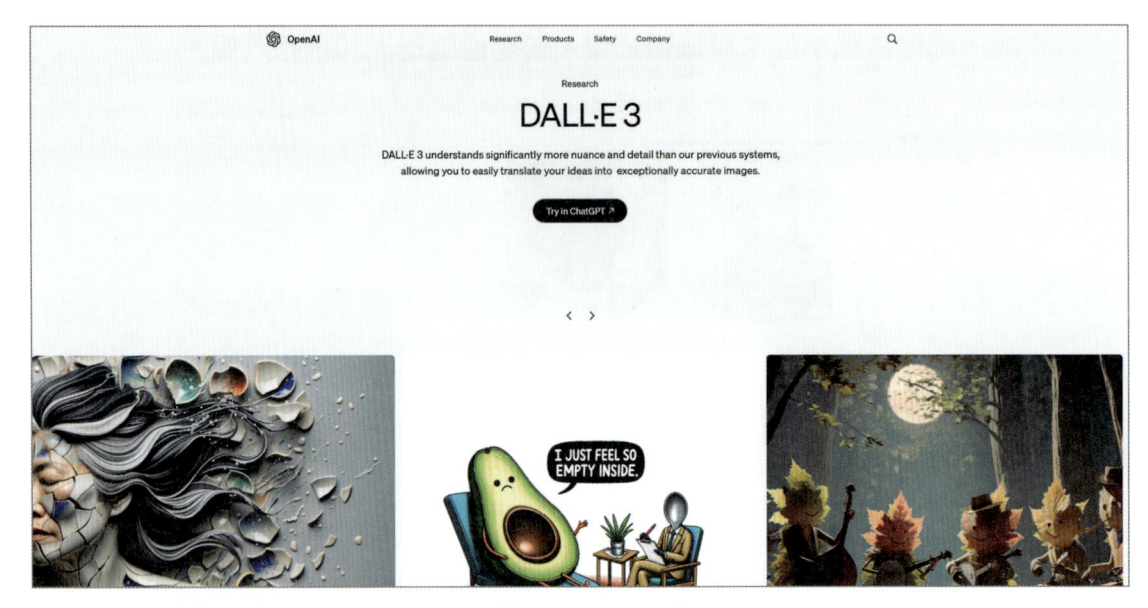

▲圖 2-7　DALL·E

技術背景與特點

DALL·E 基於 OpenAI 的 GPT 模型，結合圖像生成技術來處理多模態數據。這意味著它不僅能處理文字，還能理解圖像與文字之間的關聯，從而生成高品質的圖像。隨著 DALL·E 3 的推出，該工具的生成能力進一步提升，能夠產生更為細緻和精確的圖像。

DALL·E 還支持圖片上傳功能，用戶可以對已有的圖像進行編輯，這使得該工具在設計、影像編輯等領域具有廣泛應用。

應用場景

DALL·E 廣泛應用於廣告創作、產品設計、藝術創作和內容營銷等領域。例如，一個設計師可以輸入一個文字描述，生成適合其廣告或網站的插圖，而不需要自己手動繪製。此外，DALL·E 在創意和設計行業中具有極大的靈活性，可以根據具體的描述生成特定的藝術風格和內容。

2-2　圖像生成工具介紹

> **提示範例：**
> 「生成一幅描述未來機器人與人類共同生活的場景插畫。」
>
> **生成結果：**
> 　　DALL‧E 將根據提示生成一幅未來主義風格的插畫，展示機器人與人類在未來城市中的共存場景，並提供不同的視角變體供用戶選擇。

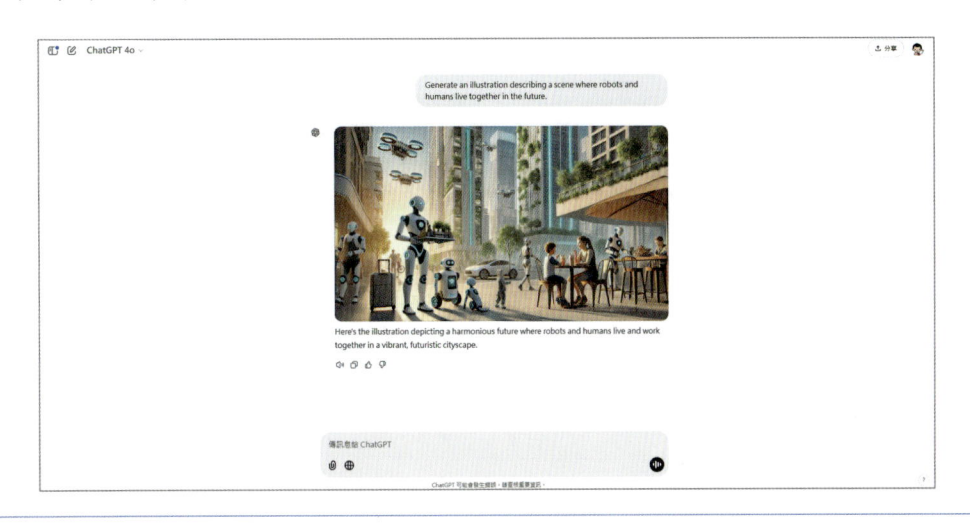

3. Stable Diffusion

　　是一款開源的圖像生成工具，允許用戶在本地安裝和執行。這讓它在圖像生成愛好者和專業設計師中非常受歡迎。Stable Diffusion 使用擴散模型技術來生成圖像，該技術依靠逐步去噪的方式來生成高水準的圖像。由於其開放性，許多設計師會根據自己的需求修改和優化該工具。

▲圖 2-8　Stable Diffusion

49

Chapter 2　AIGC 圖文生成工具與應用

技術背景與特點

Stable Diffusion 基於擴散模型，這種模型從隨機噪音中開始，逐步去除噪音，直到生成符合提示的圖像。該技術的優勢在於它能夠生成非常精細的圖像，特別是在風景、概念設計和抽象藝術創作中表現出色。此外，Stable Diffusion 的開放性使得用戶可以自由地修改其程式碼，並且允許自定義生成的風格和細節。

應用場景

Stable Diffusion 的應用範圍廣泛，從藝術創作到產品設計，再到專業圖像處理，均有應用。由於它是開源的，許多用戶會將其用於生成概念草圖，並通過進一步的編輯來達到理想的效果。此外，設計師可以自由調整生成的圖像，並將其應用於廣告、產品設計或遊戲概念設計中。

> **提示範例：**
>
> 「Generates a fantasy castle located in a forest, surrounded by a mysterious fog.」
>
> **生成結果：**
>
> Stable Diffusion 將生成一幅充滿魔幻色彩的城堡圖像，並且圖像細節如霧氣、光影效果等可以通過工具的參數設置進行調整。

4. Bing Image Creator

由 Microsoft 開發的圖像生成工具，基於 OpenAI 的 DALL‧E 模型。該工具允許用戶通過簡單的文字提示生成圖像，並且與 Bing 搜尋引擎和 Microsoft Edge 無縫整合，特別適合快速生成圖片以用於網頁設計或簡報中。

▲圖 2-9　Bing Image Creator

技術背景與特點

Bing Image Creator 基於 DALL‧E 模型，並整合了 Microsoft 的搜尋引擎技術，這意味著用戶可以通過 Bing 直接生成所需的圖像，並在網頁中快速使用。該工具的特點是使用簡單，適合那些不需要進行大量調整的用戶，提供了快速生成圖像的解決方案。

應用場景

Bing Image Creator 的主要應用場景包括網頁設計、商務簡報和內容創作。由於其簡便易用，許多商業使用者可以通過該工具快速生成圖像並應用於他們的網站或市場材料中。此外，該工具還適合於內容創作者和小型企業，提供快速創建高水準圖像的解決方案。

> **提示範例：**
>
> 「Generate an illustration suitable for the homepage of a technology company's website, with the theme of digital transformation.」
>
> **生成結果：**
>
> Bing Image Creator 將生成一幅科技感十足的插畫，展示數位化轉型的場景，例如企業採用雲端計算、人工智慧和大數據技術進行變革的畫面。

2-2.3 提示撰寫技巧

圖像生成工具的成功使用取決於如何撰寫提示。具體、詳細的提示可以顯著提升生成的圖像水準。以下是一些提示撰寫的實際技巧：

1. **具體化描述**

    具體的描述有助於生成更準確的圖像。圖像生成工具的理解能力與提示的具體程度密切相關。例如，提示「生成一幅描述海邊日落的畫」會比「生成一幅畫」更能引導工具生成符合需求的圖像。

2. **使用修飾詞**

    修飾詞能夠幫助工具生成特定風格和質感的圖像。例如，「生成一幅具有復古風格、昏暗燈光、棕色和橙色色調的餐廳場景」比簡單的「生成一幅餐廳場景」會產生更具藝術特徵的圖像。

3. 實驗性提示

對於一些抽象概念或特定風格的圖像，工具可能會給出多種解讀，因此多次生成和實驗是必要的。使用不同的提示組合和修改細節，可以生成不同風格和效果的圖像。

▲圖 2-10　修飾詞能夠幫助工具生成特定風格和質感的圖像

2-2.4 圖像生成的應用技術與挑戰

雖然 AIGC 圖像生成技術已經非常先進，但它仍面臨一些技術挑戰。生成圖像的結果可能會受到資料集、文化背景以及硬體技術的限制，這使得不同的工具可能在處理特定風格或文化內容時生成結果存在差異。

1. 超分辨率技術

   超分辨率技術是圖像生成領域的一項重要技術，它能夠提高圖像的解析度，生成更加細緻的圖像。該技術特別適合於醫學影像處理和電影數位化等領域，能夠將低解析度圖像轉換為高解析度圖像。

2. Seed 功能

   Seed 是一個記錄生成圖像過程中使用的隨機數字，可以幫助用戶在多次生成時保持一致性。這在需要生成相似風格或保持連續性的圖像時尤為重要。例如，在動畫設計中，可以使用相同的 Seed 來保持每幀圖像的一致性。

> **小結**
>
> 　　AIGC 圖像生成工具在短短幾年內取得了顯著的進展，無論是藝術創作、設計還是醫學影像處理，這些工具都帶來了極大的便利和創新機會。隨著技術的進一步發展，我們將看到更多創新應用，並且工具的操作性和生成水準也將不斷提高。儘管目前 AIGC 圖像生成技術還存在一些挑戰，但它的潛力是無限的，未來將為更多領域提供解決方案。

2-3　圖文生成 AIGC 在產業中的應用

隨著 AI 圖文生成技術的快速發展，結合文字與圖像生成的 AIGC 工具在許多產業中不僅提升了效率，也催生了創新型應用場景。這些工具讓內容創作變得更直觀、更個性化，並且能以更低的成本滿足多樣化的需求。以下針對教育、商業、娛樂、藝術等領域進一步拓展敘述，展示圖文生成技術的應用潛力與未來可能性。

2-3.1　教育產業的圖文應用

AIGC 技術在教育領域中的應用強調教材內容的生成效率以及教學過程的直觀性，讓知識傳遞變得更有效、更有吸引力。

1. **教材內容與課堂輔助**

    主題教材生成：教育工作者可使用文字生成工具自動撰寫課程大綱、教案和習題，例如在 STEM 領域生成結構化的數學習題，搭配解答步驟說明。通過圖像生成工具，這些文字內容可以附上專業插圖，例如分子結構圖或物理力學示意圖，使學生更容易理解課堂內容。

    互動課程設計：使用 AIGC 工具設計的教學材料不僅僅是靜態內容，還能生成動態學習工具，例如動畫化的科學實驗過程，幫助學生透過視覺和動態效果學習。

2. **學科圖像化**

    跨學科應用：例如在地理學中，利用圖像生成工具製作高精度地形圖，並加入氣候、植被等動態層級圖層；在生物學中，生成分子結構的三維視覺化模型，幫助學生掌握複雜結構。

    遊戲化學習工具：教師可以創建基於圖像和文字生成的互動式學習遊戲，例如讓學生通過虛擬解謎挑戰完成數學或化學任務。

3. **個性化學習材料**

    自適應教材生成：結合學生的學習數據（如測驗結果和閱讀速度），AIGC 工具能生成針對性教學內容。例如，為學習速度較慢的學生生成額外練習題，同時提供詳細的圖解步驟。

    多語言教材創作：針對不同語言環境的學生，文字生成工具可以快速生成對應語言的教材，並結合文化適配的圖像內容，幫助學生更好地理解外語學習內容。

2-3.2　商業與行銷的圖文應用

在商業與行銷領域，AIGC 技術大幅簡化了內容製作流程，讓品牌與用戶的互動更為高效且個性化。

1. **個性化行銷素材**

    廣告素材生成：文字生成工具撰寫針對不同用戶群體的廣告文案，如年輕用戶偏愛的輕鬆語調文案，結合圖像生成工具製作時尚、貼合品牌主題的海報。例如，服飾品牌可以生成根據季節主題的服裝海報，並快速推出多語言版本。

    社群媒體內容：在行銷活動中，AIGC 工具能快速生成適合 Instagram 或 Facebook 的高互動性貼文，包括插圖和文案。例如，生成「當月新品」圖片，搭配促銷文案和相關標籤。

2. **商業報告與視覺化**

    專業數據可視化：結合文字生成的報告摘要和圖像生成的數據圖表，讓商業提案更具有說服力。例如，生成以簡單折線圖展示的銷售趨勢，搭配文字註解解釋變化原因。

    即時報告生成：在大型會議或活動中，AIGC 工具可以實現即時內容生成，快速生成總結幻燈片或會議記錄，並配合示意圖進行直觀展示。

3. 產品設計與測試

概念設計提案：設計師利用圖像生成工具創建不同風格的產品概念圖，並通過 A/B 測試蒐集消費者的回饋。例如，快速生成不同顏色的產品包裝設計，測試哪種最符合目標客戶的偏好。

虛擬展示與測試：在零售行業，利用圖像生成工具模擬產品在實際場景中的外觀效果，例如生成家具放置在不同裝潢風格中的效果圖，幫助客戶做出購買決定。

2-3.3 娛樂與媒體的圖文應用

AIGC 技術在娛樂產業中大幅縮短創作週期，從創意生成到視覺效果製作，提升了內容創作的靈活性。

1. 劇本與插圖創作

劇本生成與優化：文字生成工具根據角色設定和劇情要求生成劇本初稿，讓編劇專注於細節修改。例如，一部科幻劇的劇本，可以通過 AI 提供情節發展建議，快速完成故事骨架。

插圖生成：圖像生成工具根據劇本描述生成插圖，如場景概念草圖或角色造型設計，幫助團隊視覺化創作意圖。例如，為奇幻電影生成城堡內部設計，展示不同的視覺風格供選擇。

2. 內容本地化

語言與文化適配：對於多語言市場，AIGC 工具可以生成針對當地文化的文字與圖片內容。例如，電影宣傳中使用帶有當地符號或特點的海報設計，同時提供語言適配的文案。

3. 內容生成與自動化編輯

視覺效果生成：在動畫和電影製作中，AIGC 可以自動生成部分場景效果，如背景細節或天氣模擬，減少美術團隊的手動工作量。

動畫角色設計：文字工具生成角色設定（如性格與外貌），圖像生成工具自動完成外觀設計，提升角色創作的效率。

2-3.4 藝術與設計的圖文應用

圖文生成工具正在改變藝術創作與設計的方式，讓創意變得更加即時和靈活。

1. **藝術作品創作**

    風格化藝術生成：藝術家可使用 AIGC 工具創作各種風格的作品，例如印象派畫風或抽象藝術風格的插畫。藝術家只需提供基本描述，工具便能快速生成多個版本供其選擇。

    插畫與封面設計：使用文字工具撰寫故事內容，並搭配圖像工具生成封面或內頁插圖。例如，一本童話書可以快速生成多種插畫，讓故事更加生動。

2. **設計與原型開發**

    產品設計草圖：設計師利用圖像生成工具創建產品原型草圖，例如家居設計中的家具樣式，並進行不同顏色、材質的模擬。

    快速提案與調整：設計師提交客戶需求後，工具能生成初步設計草案，並根據回饋快速修改，如調整細節或加入新元素。

> **小結**
>
> 　　圖文生成技術在教育、商業、娛樂和藝術等領域展現出強大的應用價值。這些技術不僅提升了創作效率，也讓內容呈現更加個性化和多元化。未來，隨著技術的進一步完善，圖文生成工具將在更多產業發揮關鍵作用，推動新型商業模式和數位創意生態的發展。

Chapter 2 課後習題

▸ 單選題 ◂

( ) 1. 小芳正在準備和朋友一起出國旅遊。她輸入：「請幫我規劃一個三天兩夜的東京自由行行程，包括交通建議和美食推薦」，ChatGPT 很快就產出了一份詳細行程表。這樣的情境說明了 ChatGPT 的哪一種實用性？
(A) 能取代購票網站進行訂票　(B) 提供生活情境下的語言互動與建議　(C) 替代老師批改作業　(D) 自動辨識圖片中的路線資訊。

( ) 2. ChatGPT 最重要的技術架構是什麼？
(A) 遺傳演算法　　　　　　(B) Transformer 架構
(C) 卷積神經網路　　　　　(D) 決策樹。

( ) 3. 小傑最近準備期末報告，他想寫一篇有關「全球暖化對生態的影響」的文章，但不知道該怎麼開始。他打開 ChatGPT 並輸入：「請幫我列出全球暖化影響野生動物的五個例子」。這樣的使用方式主要是運用了 ChatGPT 的哪項功能？
(A) 語音辨識與轉譯　　　　(B) 文章自動摘要功能
(C) 資訊蒐集與內容生成　　(D) 翻譯外語新聞內容。

( ) 4. ChatGPT 的訓練數據更新至哪個時間點？
(A) 2023 年 10 月　　　　　(B) 2023 年 3 月
(C) 2020 年 12 月　　　　　(D) 2022 年 1 月。

( ) 5. ChatGPT 是一種能與人自然對話的人工智慧，它的背後運用了哪一類深度學習模型？
(A) 卷積神經網路（CNN）　(B) 循環神經網路（RNN）
(C) 生成對抗網路（GAN）　(D) 轉換器模型（Transformer）。

( ) 6. 使用 AIGC 技術進行內容生成時，應如何避免倫理風險？
(A) 僅使用授權數據進行模型訓練　(B) 直接使用爭議性資料集
(C) 忽略內容生成的法律影響　(D) 允許 AI 自主生成無限制內容。

( ) 7. 下列哪一項不是 ChatGPT 的應用場景？
(A) 提供語言翻譯服務　　(B) 撰寫技術文件
(C) 分析視覺內容　　(D) 創作文學作品。

( ) 8. 小誠想請 ChatGPT 幫他設計一段關於「環保議題」的辯論稿，但他只輸入：「幫我寫一篇關於環保的東西」，結果產出的內容很空泛，和他要的辯論格式不太一樣。請問小誠應該怎麼調整提問，才能讓 ChatGPT 提供更符合需求的內容？
(A) 輸入更多專有名詞，讓 ChatGPT 自行決定主題　(B) 簡短提問，減少 ChatGPT 計算量　(C) 說清楚用途與格式，例如「請幫我寫一篇支持環保立場的辯論稿，300 字左右」　(D) 要求 ChatGPT 自動搜尋網路並引用來源。

( ) 9. 下列何者不是 ChatGPT 的技術限制？
(A) 預測未來事件　　(B) 可以生成即時股票走勢預測
(C) 無法即時獲取網路資料　　(D) 無法分析圖片和影片。

( ) 10. 下列何者不是使用 ChatGPT 的優勢？
(A) 撰寫技術報告　　(B) 即時更新知識庫
(C) 提供語法正確的翻譯　　(D) 創作長篇文章。

( ) 11. 在 AIGC 圖像生成技術中，何者常用於生成逼真的圖像？
(A) SVM　(B) CNN　(C) RNN　(D) GAN。

( ) 12. 未來 AIGC 技術在創作領域可能實現的突破是什麼？
(A) 僅限於商業用途的技術擴展　(B) 完全自主創作，無需人類參與
(C) 更加個性化且符合文化背景的內容生成　(D) 完全取代創作者的情感表達能力。

( ) 13. MidJourney 主要在哪個平台運行？
(A) Zoom　(B) Discord　(C) Microsoft Teams　(D) Slack。

(　　) 14. 下列有關 Stable Diffusion 的敘述，何者正確？
(A) Stable Diffusion 無法調整生成參數　(B) Stable Diffusion 只能通過雲端生成圖像　(C) Stable Diffusion 無法自定義生成風格　(D) Stable Diffusion 支持本地運行。

(　　) 15. 某家服飾品牌最近在社群媒體上大量推出由 AI 生成的模特穿搭照，這些模特根本不是實際拍攝，而是利用 AIGC 技術快速生成的擬真人物與服裝展示圖。這樣的作法對公司最大的商業優勢是什麼？
(A) 能夠強化 AI 在醫療診斷方面的應用　(B) 減少人工拍攝成本並加快行銷內容產出速度　(C) 避免使用真實顧客照片的版權爭議　(D) 提高服裝布料的品質檢驗準確率。

(　　) 16. 下列何者不是 MidJourney 的功能？
(A) 支援本地運行　(B) 使用 Discord 進行操作　(C) 支援圖像細節的放大和變體生成　(D) 提供多張圖像供用戶選擇。

(　　) 17. 下列哪一項不是 DALL‧E 的功能？
(A) 基於 GPT 技術生成圖像　(B) 支持圖片上傳及編輯
(C) 將文字轉化為圖像　(D) 即時從網路上獲取最新資料。

(　　) 18. Stable Diffusion 的特點下列何者為非？
(A) 支持生成圖像的參數調整　(B) 支持本地安裝運行　(C) 強制使用雲端服務進行生成　(D) 支持用戶自定義生成風格。

(　　) 19. 下列何者不是 Bing Image Creator 的特點？
(A) 通過文字提示生成圖像　(B) 與 Microsoft Edge 無縫整合
(C) 基於 MidJourney 技術　(D) 基於 DALL‧E 技術。

(　　) 20. 下列何者不是 Canva AI 圖像生成功能的特點？
(A) 基於 Stable Diffusion 技術　(B) 可以通過關鍵詞生成圖像　(C) 基於 MidJourney 技術　(D) 支持自定義生成效果。

(   ) 21. AIGC 技術如何應用於商業行銷？
(A) 根據即時資料生成最新行銷策略　(B) 自動生成個性化行銷內容
(C) 自動管理所有行銷活動　(D) 完全取代行銷專家進行市場分析。

(   ) 22. AIGC 技術在教育產業中的應用是什麼？
(A) 自動生成教學材料並提供視覺化學習工具　(B) 自動批改所有學生作業　(C) 自動替學生進行考試　(D) 取代教師進行即時授課。

(   ) 23. AIGC 技術在娛樂產業的應用包括什麼？
(A) 自動拍攝電影　　　　　(B) 自動導演和編劇
(C) 生成即時電影票房預測　(D) 自動生成故事劇本和角色設計。

(   ) 24. AIGC 技術如何應用於醫療領域？
(A) 提升醫學影像解析度　(B) 自動進行手術操作
(C) 自動診斷病情　　　　(D) 預測病人未來病情。

(   ) 25. 小芸使用 ChatGPT 查詢「達爾文演化論的三個主要觀點」，但其中一點和她在課本上學到的內容不同。她應該怎麼做比較合適？
(A) 立刻停止使用 ChatGPT，改用紙本資料　(B) 將錯誤內容複製到社群網站上批評 ChatGPT　(C) 詢問 ChatGPT 是否有資料來源，並交叉比對課本或其他可靠資料　(D) 認為 AI 永遠是對的，不需要懷疑。

(   ) 26. AIGC 技術無法在娛樂產業中實現的功能是什麼？
(A) 編寫劇本初稿　　　　(B) 完全替代導演進行電影拍攝
(C) 創建動畫場景　　　　(D) 自動生成角色設計。

(　　) 27. 一家電商平台導入了 AIGC 技術來優化客服服務。現在，當顧客在網站上詢問退貨流程、商品庫存或使用方式時，系統會即時用自然語言回應，回答內容既完整又符合語氣禮貌。這項應用主要運用了 AIGC 的哪種能力？
(A) 感測實體環境並控制機器運作　(B) 自動進行圖像辨識與修復
(C) 生成自然語言以回應使用者問題　(D) 建立資料庫並自動備份使用者資訊。

(　　) 28. AIGC 技術如何應用於教育領域？
(A) 根據學生需求自動生成個性化學習內容　(B) 取代老師進行即時互動授課　(C) 自動監督學生學習過程　(D) 自動評估學生的思考過程。

(　　) 29. AIGC 技術在娛樂產業的應用包括什麼？
(A) 自動完成所有的電影製作流程　(B) 創作虛擬角色並生成動畫場景　(C) 完全取代編劇撰寫劇本　(D) 自動生成電影票房預測。

(　　) 30. 下列哪一項不是 AIGC 技術在醫療領域中的應用？
(A) 自動進行診斷和手術操作　(B) 提供個性化治療建議　(C) 自動生成病患報告　(D) 提升醫學影像的解析度。

Chapter 3

AIGC 影音生成工具與應用

3-1 音訊生成工具介紹

3-2 影片生成工具介紹

3-3 影音生成 AIGC 在產業上的應用

3-1 音訊生成工具介紹

在當今數位時代，人工智慧已經深入人們生活的方方面面。從智慧手機的語音助理到自動駕駛汽車，AI 技術正在改變我們的世界。其中，音訊生成技術作為 AI 領域的一個重要分支，正以驚人的速度發展，改變了我們創作、傳播和體驗聲音的方式。

音訊生成技術不僅僅是在文字和語音之間進行轉換，更是為了創造出具有情感、個性和創意的聲音內容。無論是音樂創作、語音合成還是音效製作，AI 都在為這些領域注入新的活力和可能性。本章將深入探討音訊生成工具的概念、主要技術、代表性工具以及面臨的挑戰，為讀者提供一個全面的視角。

3-1.1 音訊生成工具的背景與概念

1. 音訊生成工具的定義與人工智慧的角色

    音訊生成工具是指利用人工智慧技術自動生成聲音內容的系統，包括但不限於語音、音效和音樂。這些工具的核心在於使用深度學習模型，透過學習大量的聲音數據，來生成符合特定需求的聲音輸出。

    人工智慧在音訊生成中扮演了關鍵的角色。傳統的音訊生成方法往往需要專業的知識和複雜的手動操作，而 AI 技術的引入使得這一過程自動化、智慧化。透過深度學習模型，AI 能夠理解聲音的結構和特徵，從而生成高度擬真的音訊內容。

2. 神經網路在音訊生成中的應用

    在音訊生成領域，神經網路是最核心的技術之一。常見的神經網路結構包括循環神經網路和卷積神經網路。這些網路能夠處理大量的聲音數據，提取出其中的特徵，並生成新的聲音內容。

循環神經網路（RNN） 在處理序列數據方面具有獨特的優勢，因為它們可以保留輸入數據的歷史資訊。在語音合成中，RNN 能夠理解文字的上下文關係，生成連貫且自然的語音輸出。長短期記憶網路（LSTM）和門控循環單元（GRU）是 RNN 的改進版本，能夠更有效地處理長序列數據，減少梯度消失的問題。

卷積神經網路（CNN） 雖然最初是為了處理圖像數據而設計的，但其強大的特徵提取能力使其在音訊生成中也得到廣泛應用。CNN 可用於提取聲音信號中的時頻特徵，如梅爾頻譜圖，為聲音生成模型提供更豐富的特徵資訊。

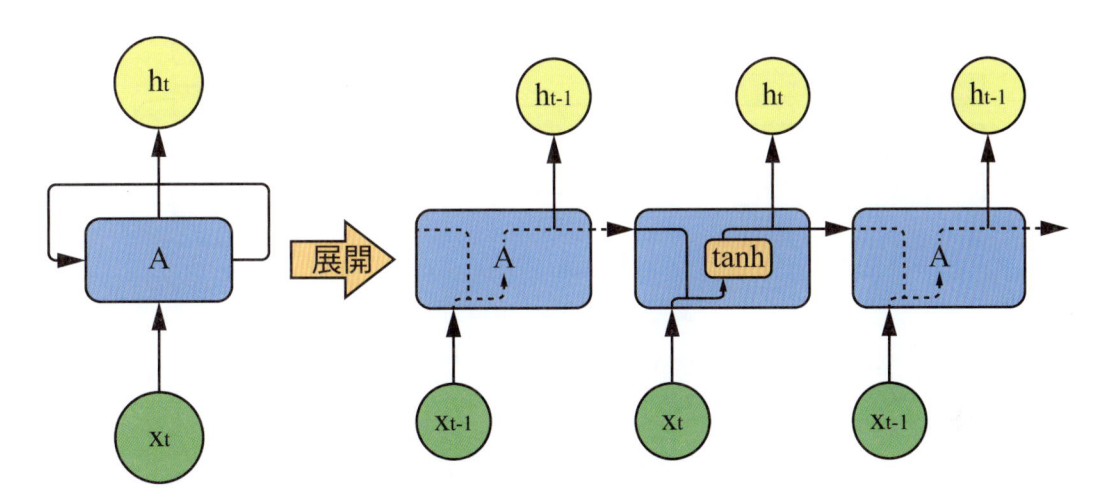

▲圖 3-1　循環神經網路典型結構示意圖

3. 文字到語音技術

文字到語音（Text-to-Speech, TTS）技術是音訊生成工具的一個主要應用。TTS 系統能夠將輸入的文字轉換為流暢的語音，應用於語音助理、導航系統、電子書朗讀等多個領域。現代的 TTS 系統結合了深度學習模型，使生成的語音更加自然、具有情感。

3-1.2 主要的音訊生成工具

市面上有許多音訊生成工具，它們在不同的應用場景下發揮著重要的作用。以下將介紹幾款主要的工具及其特點。

1. Tacotron

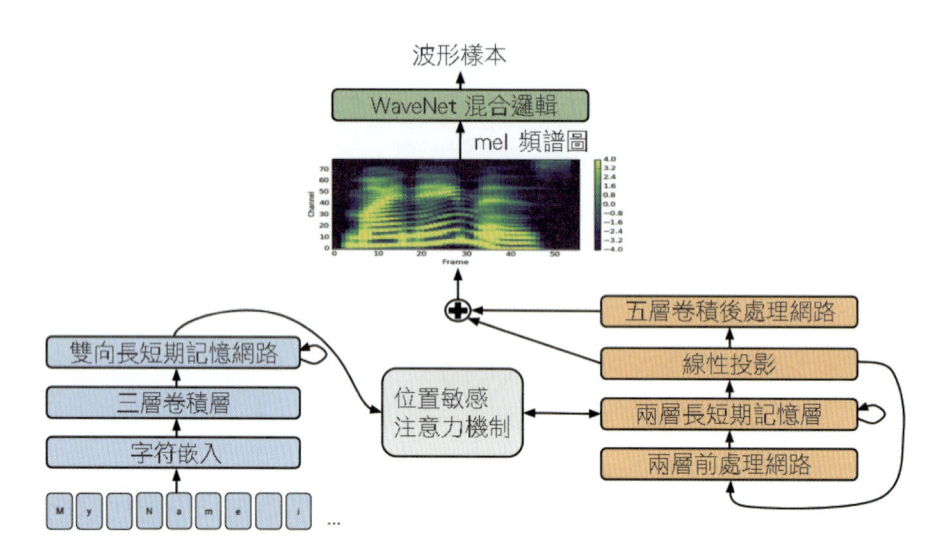

▲圖 3-2　Tacotron 原理

Tacotron 是由 Google 開發的一種文字轉語音技術，通過深度學習模型實現高品質語音合成。這一技術的核心是將輸入的文字直接轉換為語音波形，聲音自然流暢，接近真人語音，廣泛應用於語音助手、電子書朗讀和多媒體內容創作等場景。與傳統 TTS 系統相比，Tacotron 的端到端模型設計極大簡化了語音生成的流程，避免了繁瑣的手動特徵設計。

Tacotron 的運行基於神經網路模型，首先將文字轉換為梅爾頻譜圖（Mel-Spectrogram），這是一種聲音的視覺化表示，之後再通過聲碼器（如 WaveNet）生成語音波形。該模型結合了卷積神經網路和循環神經網路，並採用了注意力機制（Attention Mechanism）來對齊文字與語音特徵，確保語音合成的準確性和流暢性。此外，Tacotron 2 作為其升級版本，進一步提升了語音的自然度和情感表達能力。

想要使用 Tacotron，開發者可以通過開源資源或線上演示平台進行體驗。例如，Google Colab 提供了 Tacotron 2 的線上演示，用戶只需輸入文字即

可生成對應語音，適合對技術感興趣的初學者。此外，對於需要深度定制的用戶，GitHub 上的開放原始碼允許在本地部署 Tacotron 系統，但需要具備 Python 和深度學習框架的基本知識。這使得 Tacotron 在研究和開發社群中備受歡迎。

總的來說，Tacotron 是一項改變語音合成方式的創新技術。其自然的聲音表現力和高度的靈活性，使其成為許多應用程序的核心技術選擇。無論是在人工智慧研究領域還是商業化應用中，Tacotron 都展示了其強大的潛力和影響力。隨著技術的不斷進步，Tacotron 將在語音生成領域創造更多可能性。

2. TTSMaker

▲圖 3-3　TTSMaker

TTSMaker 是一款專注於文字轉語音的線上工具，致力於為用戶提供便捷、高品質的語音合成服務。該平台支持多語言、多語音風格的語音生成，涵蓋普通話、英語、日語、法語等多種語言，並提供多樣化的音色選擇，包括正式、活潑、溫暖和情感化等音色特徵，滿足用戶在不同場景下的需求。

TTSMaker 的核心優勢在於其基於深度學習的語音合成引擎。平台採用了類似 Tacotron 的先進模型架構，結合自研的聲碼器技術，能夠生成自然流暢且富有表情的語音輸出。該工具還支持文字標記功能，用戶可以調整語音的停頓、音調和語速，以實現更精確的語音定制。

對於需要快速生成語音內容的用戶，TTSMaker 提供了一個極簡的操作介面，無需技術背景即可上手。它適用於廣告文案配音、電子書朗讀、語音課件製作和遊戲配音等多個領域。此外，該平台還支持批量處理和 API 接口，方便開發者將其整合到自己的應用程式中。

總的來說，TTSMaker 為用戶提供了靈活且高效的文字轉語音解決方案。其自然的語音效果、多樣化的語音選擇，以及高度可定制的功能，使其成為各類用戶的理想工具。不論是個人創作者還是企業開發者，TTSMaker 都能滿足他們的語音生成需求，展現其在 TTS 技術應用上的強大實力。

3. AIVA

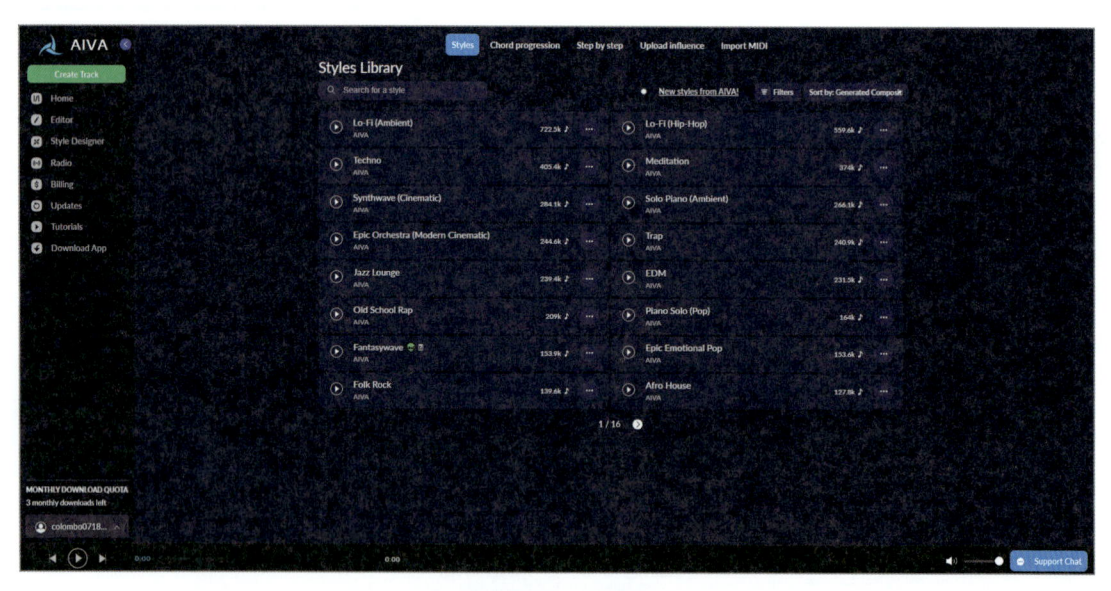

▲圖 3-4　AIVA

AIVA（Artificial Intelligence Virtual Artist）是一個專注於音樂創作的 AI 工具。它能根據用戶的需求，自動生成不同風格的音樂作品，如古典、流行、爵士等。AIVA 使用了生成對抗網路和遞歸神經網路等技術，學習大量音樂數據的風格和結構，透過對旋律、和聲、節奏等要素的理解，創作出富有創意的音樂作品。

對於需要快速生成背景音樂的創作者，如影片製作人、遊戲開發者，AIVA 是一個非常便捷的工具。它還支持用戶上傳自己的音樂素材，進行 AI 優化和再創作，為音樂創作帶來了新的可能性。

4. MusicLM

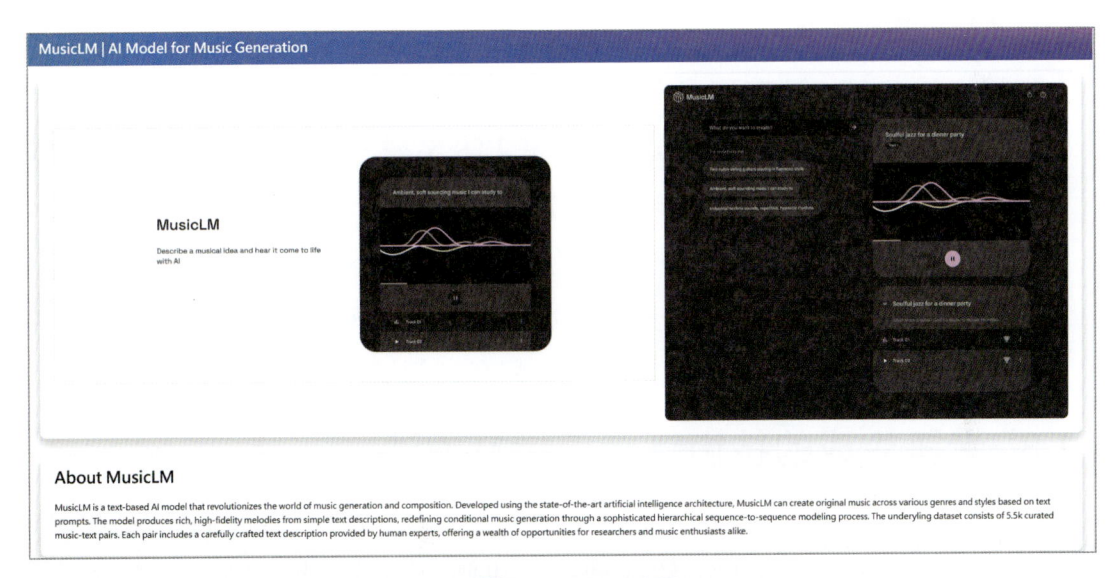

▲圖 3-5　MusicLM

MusicLM 是 Google 開發的一款基於文字描述生成音樂的 AI 工具。它能將用戶的文字輸入轉換為相應風格的音樂，實現從文字到音樂的跨模態生成。MusicLM 結合了大型語言模型和音樂生成模型，理解用戶的文字描述，如「一首輕快的鋼琴曲，適合春天的早晨」，並生成符合描述的音樂作品。這一技術突破了傳統音樂生成對於專業知識的要求。

MusicLM 的出現，使非專業的音樂創作者也能輕鬆創作音樂。它可應用於廣告製作、遊戲配樂、個人作品等多個領域，極大地降低了音樂創作的門檻。

5. Siri

Siri 是蘋果公司的虛擬語音助理，除了語音識別和互動功能外，Siri 的語音生成技術也相當先進。它能根據用戶的指令，生成自然的語音回饋。Siri 使用了蘋果自研的 TTS 系統，結合深度學習模型和大規模語音數據庫，透過對語音特徵的深入學習，生成多種語言和口音的語音，滿足全球用戶的需求。

▲圖 3-6　Siri

Siri 的語音生成技術提高了用戶與設備之間的互動體驗。自然、流暢的語音回饋，使用戶在與設備互動時感到更加舒適，增強了產品的親和力。

6. 其他音訊生成工具

除了上述工具，還有許多其他的音訊生成工具在不同的領域發揮著作用。例如，百度開發的 DeepVoice 是 TTS 系統，使用深度神經網路實現高品質的語音合成，支持多語言和多口音。OpenAI 的 Jukebox 是音樂生成模型，能生成具有歌詞和唱腔的音樂，模仿不同風格和時代的作品。Lyrebird 是一個語音模仿工具，根據少量的語音樣本，生成模仿特定人物聲音的語音內容，應用於遊戲、電影配音等領域。

3-1.3　音訊生成的技術挑戰與提升方法

儘管音訊生成技術在近年來取得了顯著的進步，但仍然面臨著諸多挑戰。為了進一步提升音訊生成的品質和效率，我們需要深入探討如何提升語音的自然度、音位連接的平滑性、情感合成，以及減少訓練數據的偏差和解決隱私與倫理問題等多個方向。

首先，**提升語音的自然度**是音訊生成技術的重要目標之一。增加模型的複雜度，例如增加神經網路的層數和參數量，可以提高語音生成的水準，但同時也會增加計算資源的需求。如何在保持高水準輸出的同時，提高模型的運算效率，成為一大挑戰。在這方面，聲碼器扮演了關鍵角色。高品質的聲碼器（如 WaveNet、WaveGlow 等）能夠生成接近真人的語音，但計算量較大。開發更高效的聲碼器，既能保持高水準的輸出，又能降低計算成本，是提升語音自然度的重要方向。

其次，**音位連接的平滑性**對於語音的自然度有著深遠的影響。語音的連貫性很大程度上取決於音素之間的過渡是否平滑。如果音位連接處理不當，會導致語音聽起來不連貫，影響使用者體驗。為了解決這個問題，需要在模型中加入對音素過渡的專門處理，例如使用連續性的聲學特徵來平滑音素過渡。此外，風格轉換技術也能在不改變語音內容的前提下，調整語音的風格和情感，使音位連接更加平滑，語音更加自然生動。

再者，**情感合成**是音訊生成技術中一個具有挑戰性的領域。要生成具有情感的語音，需要大量帶有情感標註的語音數據，但這類數據的獲取和標註成本較高。為了克服這一難題，可以採用數據增強技術，或者從現有資料中自動提取情感特徵。此外，結合文字、語音和圖像等多模態數據，有助於模型更好地理解和生成富有情感的語音，提升對情感的感知和表達能力。

此外，**減少訓練數據的偏差**對於提高模型的泛化能力至關重要。訓練數據的多樣性直接影響了生成語音的多樣性和自然度。為此，需要在數據集中包含不同性別、年齡、口音和情感的語音樣本，避免模型過度擬合某一特定群體。透過數據標準化和正則化技術，可以減少數據中的噪音和偏差，進一步提高模型的性能。

最後，**隱私與倫理問題**是音訊生成技術發展中不可忽視的挑戰。由於該技術能夠模仿特定個體的聲音，可能帶來隱私和安全風險。我們需要制定相關的法律法規，規範此類技術的使用，防止被不法分子利用。此外，語音合成技術也可能被用來生成虛假的語音資訊，造成社會混亂。為此，需要開發識別合成語音的技術，並加強公眾的媒體素養教育，提高對虛假資訊的辨識能力。

綜上所述，音訊生成技術雖然已取得了顯著的進步，但仍有許多挑戰需要克服。透過在提升語音的自然度、音位連接的平滑性、情感合成，以及減少訓練數據偏差和解決隱私與倫理問題等方面的不斷努力，我們有望推動音訊生成技術的進一步發展。這將不僅提升人們的語音體驗，還將為娛樂、教育、醫療等多個領域帶來深遠的影響。

3-1.4 未來發展與展望

隨著人工智慧和深度學習技術的快速發展，音訊生成技術將取得更大的突破。新的神經網路結構和訓練方法將進一步提升語音的品質和生成效率，縮小合成語音與人類自然語音之間的差距。

在多語言與跨文化應用方面,音訊生成工具將支持更多的語言和口音,滿足全球化的溝通需求。這將促進國際交流,加深不同文化之間的理解與合作。例如,即時語音翻譯將對全球化交流產生深遠影響,也可用於語言學習,幫助學習者提升發音和聽力技能。

個性化與定制化是音訊生成技術的重要發展方向。技術將根據用戶的偏好和需求,生成符合個人風格的語音和音樂。在娛樂領域,可創作符合聽眾口味的音樂;在教育領域,可使用個性化的語音教材;在醫療領域,可幫助語言障礙患者恢復交流能力。

音訊生成技術與其他前端技術的融合將帶來更多應用場景。與虛擬實境(VR)和擴增實境(AR)的結合,可創造更為沉浸式的體驗。與自然語言處理和電腦視覺的融合,可開發出更智慧的系統,實現語音、圖像和文字之間的無縫轉換。

然而,技術進步也帶來倫理和安全問題。我們需要關注如何防止音訊生成技術被濫用,如製造虛假訊息或進行詐騙,並保護個人隱私和數據安全。為此,需要制定相應的法律法規和道德準則,確保技術的正確使用。

總的來說,音訊生成技術的未來充滿機遇和挑戰。技術的進一步突破將推動行業發展,多語言和跨文化的應用將促進全球交流,個性化與定制化的需求將帶動新市場,與其他技術的融合將開啟更多可能性。我們有理由相信,音訊生成技術將在未來的數位化世界中扮演重要角色,為人們的生活帶來便利和樂趣。

小結

AI 音訊生成技術正在以驚人的速度發展,並逐漸融入我們的日常生活和工作。從語音助理、音樂創作到教育和醫療,音訊生成工具的應用範圍正在不斷擴大。儘管面臨技術、倫理和法律等多方面的挑戰,但這些問題都在逐步得到解決。

未來,隨著技術的進一步成熟,音訊生成工具將變得更加智慧、自然和人性化。它們將不僅僅是工具,更將成為我們的創作夥伴,激發人類無限的創意和可能性。

3-2　影片生成工具介紹

隨著人工智慧技術的飛速發展，AI 影片生成工具正逐漸成為影片創作領域的革命性力量。無論是在電影、動畫製作，還是行銷推廣中，這些工具都展示出了巨大的潛力。它們不僅大幅提高了影片製作的效率，還為創作者提供了前所未有的創意自由。本文將深入探討 AI 影片生成工具的概念、技術基礎、主要工具，以及其在實際應用中的挑戰與未來發展。

3-2.1　影片生成工具的概念與背景

1. **AI 影片生成工具的定義**

    AI 影片生成工具是一種利用人工智慧技術，能夠自動或半自動生成影片內容的系統。這些工具通過深度學習模型，學習大量的影片數據，根據給定的素材、指令或文字描述，生成新的影片。相比傳統的影片製作方法，AI 影片生成技術極大地提高了創作效率，減少了人力和時間成本，同時為創作者提供了更大的創意空間。

2. **技術背景與發展歷程**

    AI 影片生成技術的發展得益於深度學習和電腦視覺領域的突破。早期的影片生成主要依賴於手動編輯和特效製作，這需要大量的專業知識和時間。隨著神經網路特別是生成對抗網路的出現，影片生成技術取得了顯著的進步。生成對抗網路（GAN）的特點在於通過兩個網路的對抗訓練，使生成的影片在真實性和細節上達到更高的水準。

    此外，序列生成模型如循環神經網路、長短期記憶網路以及近年來崛起的 Transformer 模型，也為影片生成提供了強大的技術支撐。這些模型擅長處理時間序列數據，能夠捕捉影片中的動作連貫性和時間變化，從而生成更加流暢和自然的影片內容。

3-2.2 影片生成工具的核心技術

1. 生成對抗網路（GAN）

生成對抗網路是 AI 影片生成工具中最核心的技術之一。GAN 由兩個部分組成：生成器和判別器。生成器負責根據輸入的指令或隨機噪聲生成影片內容，判別器則負責判斷生成的影片是否真實。通過兩者之間的對抗訓練，生成器不斷提升自身的能力，以生成更逼真的影片，而判別器也變得更加敏銳，能夠識別更細微的偽造痕跡。

GAN 的優勢在於其強大的生成能力，能夠創造出高度擬真的視覺內容。然而，GAN 的訓練過程較為複雜，容易出現模式崩潰（Mode Collapse）等問題，需要精細的調參和大量的訓練數據。

2. 序列生成模型（RNN、LSTM）

影片是一種時間序列數據，處理這類數據需要考慮時間上的依賴性。循環神經網路和長短期記憶網路是處理時間序列數據的經典模型。RNN 能夠記憶之前的輸入，適合處理連續的數據。然而，RNN 在處理長序列時會出現梯度消失的問題。LSTM 作為 RNN 的改進版本，引入了記憶單元和門控機制，能夠有效地捕捉長期依賴關係。

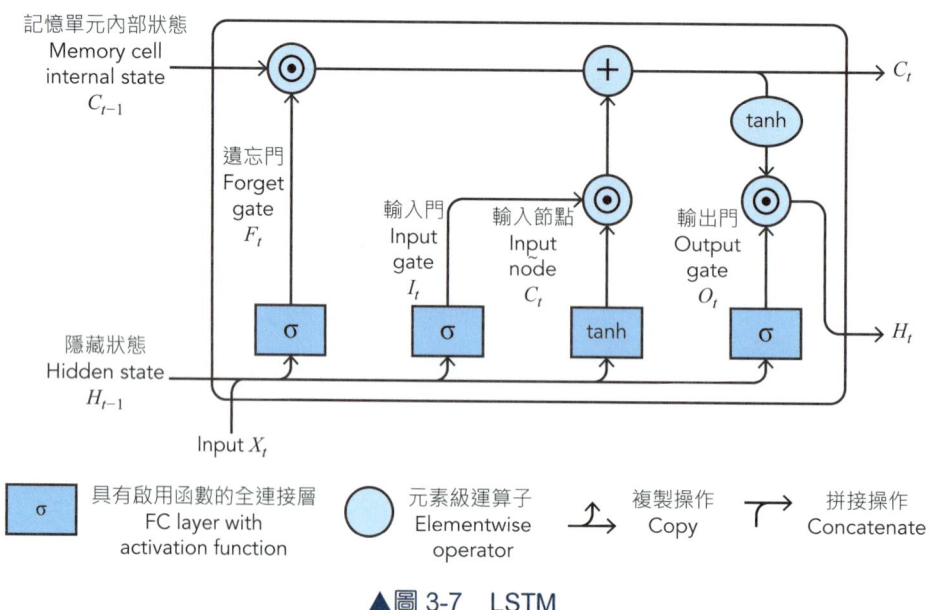

▲圖 3-7　LSTM

在影片生成中，RNN 和 LSTM 被用於維持影片中動作的連貫性和邏輯一致性。例如，在動畫生成中，角色的動作需要與之前的狀態相關聯，才能顯得自然流暢。這些模型能夠學習動作序列，生成符合物理規律和情節發展的影片內容。

3. Transformer 模型

Transformer 模型最初是在自然語言處理領域中提出的，但由於其強大的序列建模能力，近年來也被應用於影片生成領域。與 RNN 和 LSTM 不同，Transformer 採用了自注意力機制，能夠並行處理序列中的所有元素，極大地提高了運算效率。

在影片生成中，Transformer 模型可以更有效地捕捉長期的時間依賴，特別是在生成長片段影片時。它能夠同時考慮影片中不同時刻的資訊，使生成的影片在整體一致性和細節處理上都有所提升。

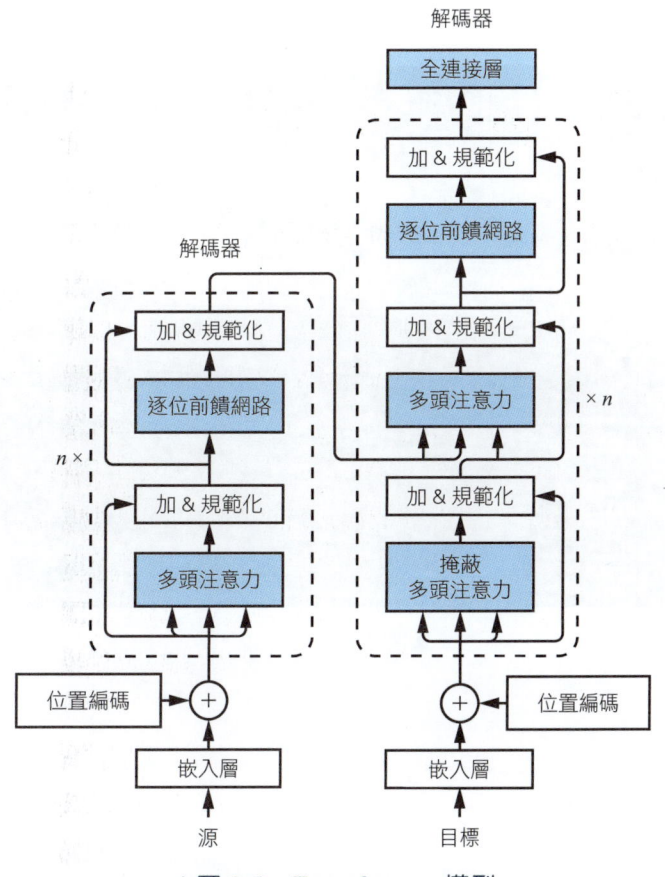

▲圖 3-8　Transformer 模型

3-2.3 主要的 AI 影片生成工具

1. Gen-2

Gen-2 是由 Runway AI 推出的一款先進的文字到影片生成工具。使用者只需輸入簡單的提示指令，AI 就能根據指令自動生成影片。Gen-2 結合了 GAN 和 Transformer 模型的優勢，能夠在視覺效果上達到高水準。它的主要特點包括：

- **高品質的視覺效果**：生成的影片具有高度的真實性，細節豐富。
- **操作簡單**：使用者不需要具備專業的影片製作知識，只需輸入文字描述。
- **快速生成**：得益於高效的模型架構，Gen-2 能夠在短時間內生成影片。

Gen-2 被廣泛應用於電影特效製作、動畫片段創作等領域，為創作者提供了全新的創作方式。

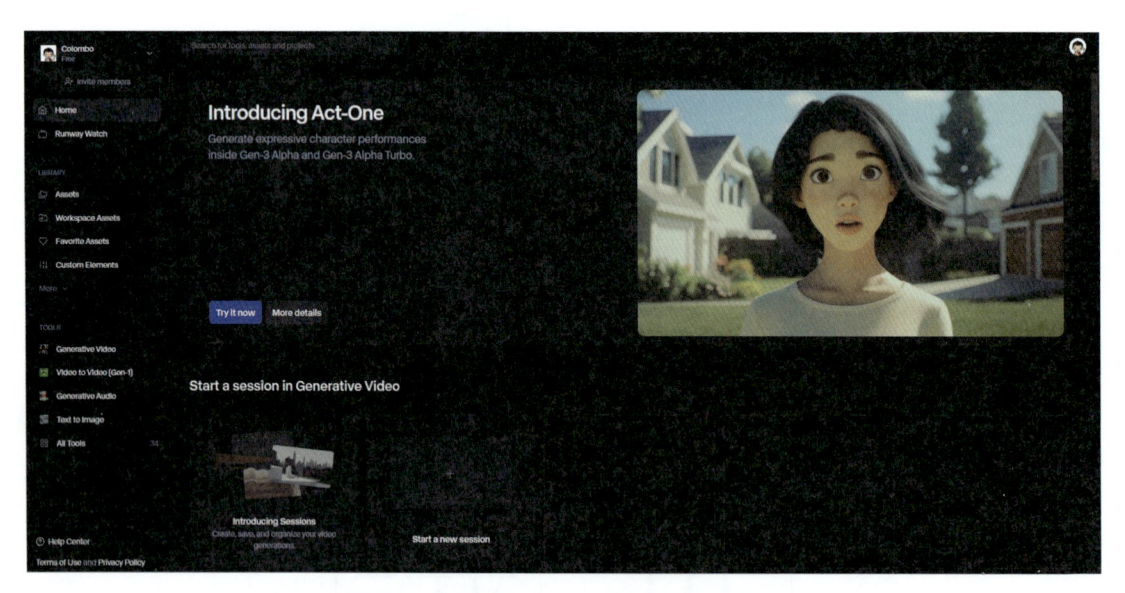

▲圖 3-9　Gen-2

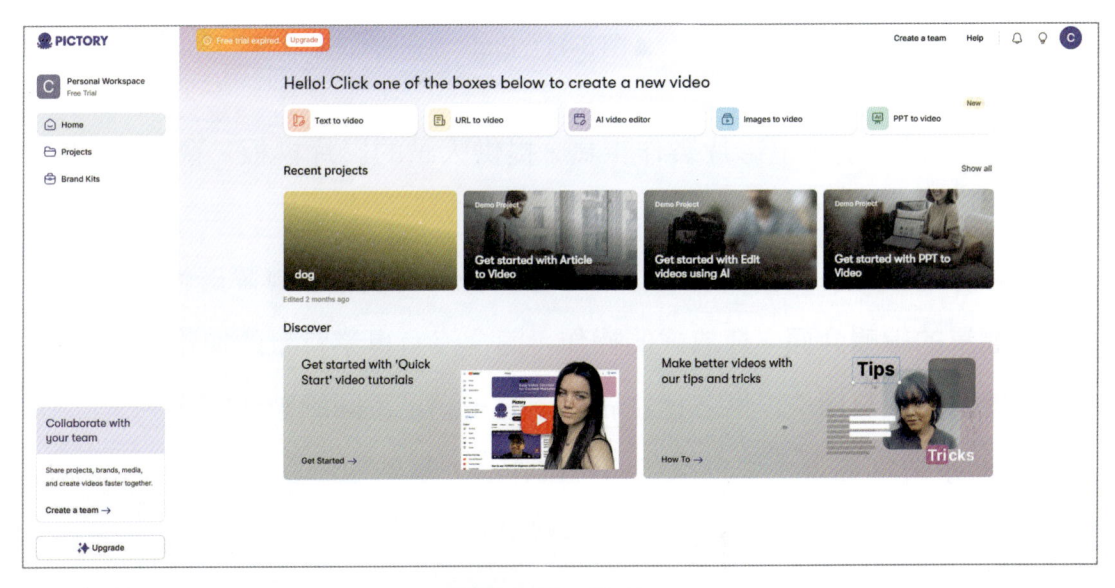

2. Pictory

Pictory 是一款能夠將文字內容轉換為影片的工具,特別適合將部落格文章、新聞稿或其他文字資料轉化為影片。其主要功能包括:

- 自動分析文字內容:Pictory 使用 AI 技術,自動提取文字中的關鍵資訊。
- 影片模板與視覺元素:提供豐富的影片模板和素材,方便快速生成影片。
- 字幕與語音合成:自動添加字幕和語音,提升影片的可讀性和吸引力。

對於需要大量影片內容的行銷和媒體產業,Pictory 是一個高效的解決方案,能夠節省大量的人力和時間成本。

▲圖 3-10　Pictory

3. Elai

Elai 是一個專門用於個性化影片生成的平台,允許使用者僅通過輸入文字來創建影片。其特色包括:

- 虛擬人類解說:生成的影片中包含虛擬人物,模擬真人的表情和語音。
- 多語言支持:能夠生成多種語言的影片,適用於全球市場。
- 易於整合:可與其他平台和工具整合,方便在不同管道上發布。

Elai 對於電子商務中的產品推廣、企業培訓影片的製作非常有幫助，能夠提升內容的個性化和互動性。

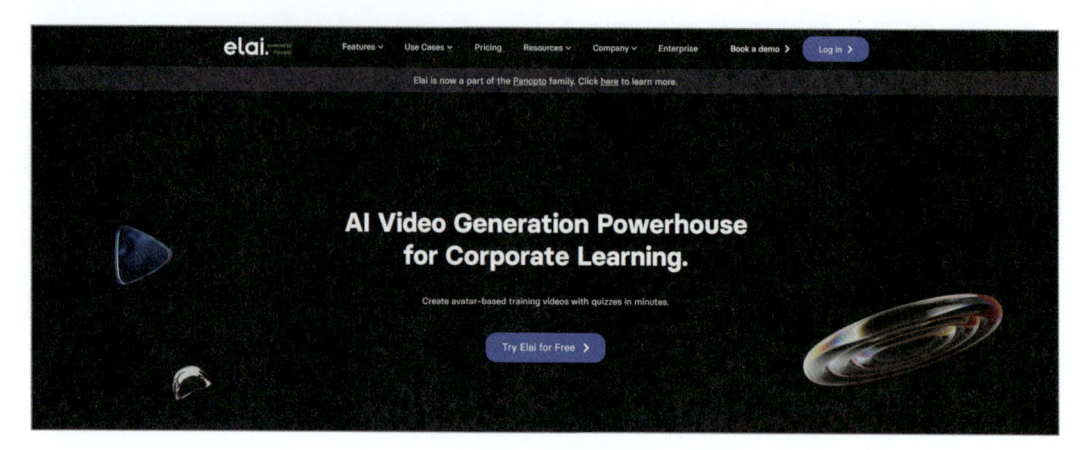

▲圖 3-11　Elai

4. FlexClip

FlexClip 是一款線上影片製作工具，提供大量的影片模板、音樂和視覺素材。其主要功能有：

- AI 字幕生成：自動為影片添加字幕，提升可視性和無障礙性。
- 簡單的編輯介面：拖放式的操作，適合沒有專業背景的使用者。
- 豐富的素材庫：提供各種主題的素材，滿足不同的製作需求。

FlexClip 特別適合小型企業和內容創作者，幫助他們在短時間內生成專業品質的影片，提升品牌形象和市場競爭力。

▲圖 3-12　FlexClip

5. 其他工具與應用

   除了上述工具，還有許多其他的 AI 影片生成工具，如：

   - Speaking Portraits：只需一張照片，即可生成動態影片，模擬人物說話和表情變化，應用於企業介紹、新聞播報等。
   - DeepArt：將圖片風格轉換技術應用於影片，生成具有藝術效果的影片內容。
   - Synthesia：專注於企業培訓和教育影片的生成，支持多語言和多角色。

   這些工具的出現，進一步豐富了 AI 影片生成的應用場景，滿足了不同領域的需求。

3-2.4 AI 影片生成工具的應用場景

1. 娛樂產業

   在電影和動畫製作中，AI 影片生成工具被用於創造虛擬世界和角色的特效。GAN 技術能夠生成逼真的視覺效果，減少了對實景拍攝和手動特效製作的依賴。這不僅降低了製作成本，還擴展了創作者的想像空間。

2. 行銷與廣告

   企業可以利用 AI 影片生成工具快速生成產品宣傳片和廣告內容。這些工具能夠根據市場需求，自動生成符合品牌形象和目標受眾的影片，大大提高了行銷效率。

3. 教育與培訓

   在教育領域，AI 影片生成工具被用於製作教學影片和培訓材料。透過自動生成的影片，教育者可以更生動地傳達知識，提升學習者的參與度。

4. 個人內容創作

   對於個人創作者，這些工具降低了影片製作的門檻。無需專業設備和技術背景，任何人都可以創作出高品質的影片，用於社交媒體分享、個人作品展示等。

3-2.5 AI 影片生成的挑戰與限制

儘管 AI 技術已經能夠生成高度擬真的影片，但在細節處理和真實性上仍存在挑戰。特別是在創造人物角色時，可能會出現面部表情不自然、動作僵硬等問題。這需要進一步改進模型的性能，提升對細微特徵的捕捉能力。

生成的影片有時難以準確地表達人物的情感，這在戲劇或複雜場景中特別明顯。此外，影片中的動作一致性也是一大挑戰，特別是在生成長時間的影片時，如何保持角色的動作連貫和邏輯合理性，需要更多的技術突破。

AI 影片生成工具的性能依賴於大量高品質的資料集和強大的計算資源。對於小型團隊或個人創作者來說，獲取大量的訓練數據和高性能的計算設備可能是一個難題。這限制了 AI 影片生成技術的普及和應用範圍。

AI 生成的影片可能涉及版權、隱私和倫理問題。例如，利用 AI 技術生成偽造的影片可能被用於不當用途，對個人和社會造成負面影響。這需要制定相應的法律法規和道德準則，規範 AI 影片生成技術的使用。

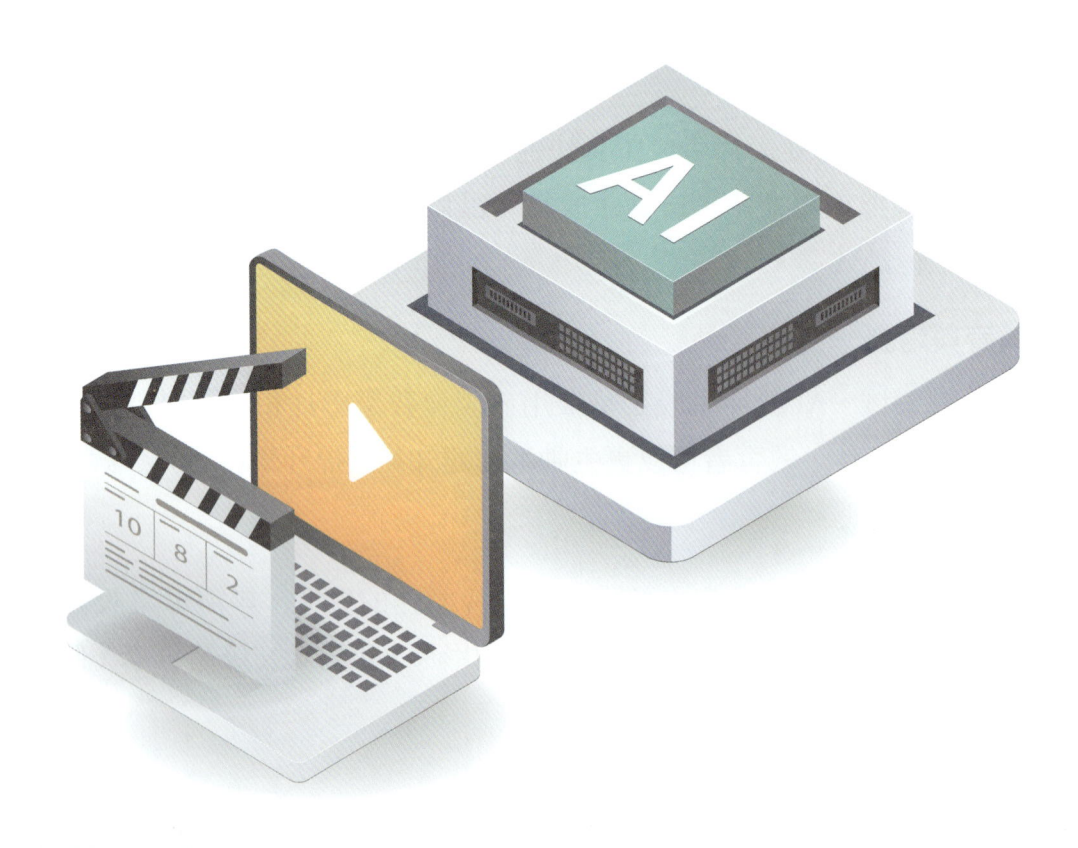

3-2.6 未來發展與前景

未來的 AI 影片生成技術將朝著更高的真實性和細節表達發展。新型的神經網路結構和訓練方法將被提出，以解決目前的技術瓶頸。例如，融合多模態學習，結合文字、圖像、聲音等多種資訊，提高影片生成的整體品質。

隨著用戶需求的多樣化，AI 影片生成工具將更加注重個性化。透過學習用戶的偏好和風格，工具能夠自動生成符合個人喜好的影片，應用於電子商務、教育和個人娛樂等領域。

未來，AI 影片生成技術將不再局限於單一的工具或平台。我們將看到多個工具的聯合使用，實現從圖像生成、音訊生成到影片生成的跨媒體內容創作流程。這將為創作者提供更完整的解決方案。

隨著技術的發展，對於 AI 影片生成的法規和道德規範將逐漸完善。這將有助於規範技術的使用，防止濫用，促進技術的正向發展。

小結

AI 影片生成工具為影片製作帶來了革命性的變化。通過結合生成對抗網路、序列生成模型和 Transformer 等先進技術，這些工具能夠自動或半自動地生成高品質的影片內容，大幅提高了創作效率，擴大了創作可能性。

儘管面臨一些技術挑戰，如影片真實性、情感表達和資源需求等，但隨著技術的不斷進步，這些問題將逐步得到解決。未來，AI 影片生成工具的應用範圍將會越來越廣，對影片創作、行銷推廣、教育培訓等領域帶來深遠的影響。

總的來說，AI 影片生成技術具有廣闊的前景。它不僅為專業的影片製作人員提供了強大的工具，還使普通人也能夠參與到影片創作中來，極大地促進了內容創作的平民化。我們有理由相信，隨著技術的進一步發展，AI 影片生成工具將在更多的領域發揮重要作用，為人類社會帶來更多的便利和創新。

3-3　影音生成 AIGC 在產業上的應用

生成式人工智慧正在以驚人的速度改變各個行業的工作流程，特別是在影音生成領域，AIGC 技術大幅提升了影片製作的效率和創意自由。這些技術不僅減少了人力和時間成本，還為創作者們帶來了無限的可能性。本文將深入探討 AIGC 在不同產業中的應用實例，展示這項技術對各領域的深遠影響。

3-3.1　電影和動畫產業

1. AIGC 技術在電影製作中的應用

    傳統的電影製作中，創建虛擬場景和角色需要大量的人力、時間和資金。設計師和動畫師需要經過多次迭代，才能完成一個高品質的場景或角色。隨著 AIGC 技術的發展，導演和動畫師可以使用生成對抗網路等技術，自動生成逼真的虛擬場景和角色。

    例如，GAN 技術可以學習大量的影片和圖像數據，根據導演的腳本和需求，生成高度真實的場景和角色。這使得虛擬世界的創造變得更加簡單且高效。過去需要數月甚至數年的動畫角色設計和特效製作，如今可以在短時間內完成，並且品質不減。

    電影中的特效和視覺效果（VFX）是吸引觀眾的重要元素。然而，傳統的特效製作過程複雜，需要專業的軟體和團隊，且成本高昂。AIGC 技術的引入，為特效製作帶來了革命性的變化。

    透過深度學習模型，AIGC 可以自動生成各種特效，如爆炸、煙霧、水流等，並且能夠與實際場景無縫融合。這不僅縮短了影片製作的後期處理時間，還顯著提高了影片製作效率。同時，使用 AIGC 生成的視覺效果也能保持高水準的真實感與細節，使影片更加吸引觀眾。

2. AIGC 在動畫製作中的革新

在動畫產業中，AIGC 技術被用來自動生成角色的動作和表情。透過學習真實人類的動作數據，模型可以生成自然流暢的動畫，減少了手動動畫的工作量。例如，使用動作捕捉結合 AIGC，可以在短時間內生成大量高品質的角色動畫。

AIGC 還能實現動畫風格的自動轉換。例如，將真人影片轉換為卡通風格，或將 2D 動畫轉換為 3D 效果。這種技術為動畫創作者提供了更多的創意空間，能夠輕鬆實現不同的藝術效果，滿足各種風格需求。

3-3.2 行銷與廣告產業

1. 產品宣傳影片的自動生成

在行銷和廣告領域，時間就是金錢。企業需要快速製作出吸引人的宣傳內容，以抓住市場機會。AIGC 技術使得企業可以快速生成大量產品宣傳片，而不需要聘請大量的製作團隊。

例如，使用工具如 Elai 或 Pictory，企業可以僅通過輸入產品描述或廣告腳本，AIGC 即可自動生成一段專業品質的宣傳影片。這些影片可以包含產品的 3D 模型、使用場景和功能介紹，無需額外的後期處理。

AIGC 技術還可以根據不同的目標受眾，生成個性化的廣告內容。透過分析用戶的興趣、行為和偏好，AIGC 可以自動調整廣告的內容、風格和語言，以達到最佳的行銷效果。

2. AI 生成的虛擬主持人

在行銷推廣活動中，使用真人主持人可能面臨成本高、安排繁瑣等問題。AIGC 技術能夠創造虛擬主持人，為宣傳片或產品介紹增添吸引力。

透過工具如 Speaking Portraits，企業可以使用一張靜態照片，生成一個能說話的虛擬主持人，用於影片中的講解和介紹。這樣的虛擬主持人不僅能有效提升產品的曝光度，還能提供一致且專業的影片表現。

AIGC 生成的虛擬主持人還可以支持多種語言和口音，滿足全球市場的需求。企業可以輕鬆製作適應不同地區和文化的宣傳內容，提升品牌的國際形象。

3-3.3 電子商務與客服

1. **虛擬客服影片的應用**

    在電子商務中，提供高品質的客戶服務是贏得市場的關鍵之一。AIGC 技術可以生成虛擬客服影片，模擬真人客服，為客戶提供產品介紹、使用指南和問題解答。

    例如，使用 Synthesia AI，企業可以生成多語言的虛擬客服影片，24 小時不間斷地為客戶服務。這些虛擬客服能夠模仿真人的表情和語音，提供親切專業的服務體驗。

    自動化的虛擬客服能夠大幅降低人力成本，減少對真人客服的依賴。同時，透過數據分析，企業可以持續優化客服內容，提升服務品質。

2. **個性化推薦影片**

    電子商務平台可以使用 AIGC 生成的個性化影片來推薦產品。這類影片基於顧客的購買歷史和瀏覽習慣，自動生成產品介紹影片，幫助提升轉換率。

    透過分析用戶的行為數據，AIGC 可以生成符合用戶興趣的影片內容，增加產品的吸引力。例如，對於喜歡運動的顧客，系統可以自動生成關於最新運動裝備的推薦影片。

    個性化的影片推薦能夠提升用戶在平台上的體驗，增加用戶的黏性和忠誠度。這種技術已經在一些領先的電商平台上應用，展示出顯著的效果。

3-3.4 新聞與媒體產業

1. 自動化新聞報導

在新聞和媒體產業中，速度至關重要。透過工具如 Speaking Portraits 或 Synthesia AI，媒體機構可以使用 AIGC 技術自動生成新聞報導影片。

這些工具能將文字新聞稿自動轉換為由虛擬主播播報的新聞片段，無需真人錄製。這一技術不僅節省了時間和成本，還能幫助媒體機構更快速地發布新聞內容。

虛擬主播可以 24 小時不間斷地播報新聞，滿足觀眾隨時獲取資訊的需求。這對於全球化的媒體機構來說，具有重要的意義。

2. 多語言新聞影片

AIGC 技術還能幫助媒體公司生成多語言版本的影片，滿足全球觀眾的需求。透過 AI 語音合成技術，新聞機構可以自動為影片添加多種語言的配音，並保持語音的流暢性和自然度，無需聘請多語言配音員。

除了語言之外，AIGC 還可以調整影片內容，適應不同地區的文化和風俗。例如，自動替換地區性的圖像和符號，確保內容符合當地觀眾的期望。

3-3.5 教育與培訓產業

1. 自動生成教學影片

教育機構可以使用 FlexClip 或 InVideo 等工具，快速生成課程介紹或教學影片。AIGC 技術可以自動添加字幕、圖片和視覺效果，使得教學影片更具吸引力，同時也提高了學生的學習效果。

這些工具能夠減少教育機構在教學影片製作上的人力和時間投入，使得更多的教育資源能夠快速傳遞給學生，提升教育的普及性。

AIGC 還能根據學生的學習進度和需求，生成個性化的教學影片。透過分析學生的學習數據，系統可以調整教學內容和難度，提供最適合學生的學習資源。

2. 企業培訓影片

在企業培訓中，AIGC 技術能夠自動生成針對不同部門或崗位的個性化培訓影片。透過輸入培訓內容，AIGC 可以根據每個員工的需求生成不同版本的培訓影片，幫助企業更高效地傳遞知識，並且保持培訓內容的一致性和專業性。

自動化的培訓影片製作，能夠大幅減少培訓師和製作團隊的成本。同時，員工可以隨時隨地進行學習，提升培訓的靈活性。

3-3.6 娛樂產業與社交媒體

1. 音樂影片自動生成

在音樂產業中，AIGC 技術可以用來生成與音樂節奏相匹配的動態視覺效果或影片，這使得音樂影片的創作變得更加簡單高效。

創作者可以使用 InVideo 這樣的工具，通過輸入音樂文件或文字，生成與音樂同步的動畫或影片。這不僅節省了製作時間，還能創造出獨特的視覺體驗，增強音樂的感染力。

AIGC 還可以根據用戶的喜好，生成個性化的音樂和視覺內容。這在音樂流媒體服務中具有廣泛的應用前景。

2. 社交媒體短片生成

在社交媒體的快速內容創作中，AIGC 技術是不可或缺的工具。許多內容創作者使用 Pictory 或 FlexClip 等工具，快速生成短片，並通過自動添加字幕和視覺效果，使影片更加引人注目。

這些工具特別適合於需要高效產出的社交媒體內容創作者，幫助他們在短時間內完成創作，保持與觀眾的互動。

AIGC 技術為社交媒體創作者提供了無限的創意可能。他們可以嘗試不同的風格、特效和內容，吸引更多的粉絲和關注。

3-3.7 AIGC 技術面臨的挑戰與未來展望

1. 技術挑戰

    AIGC 技術的應用需要強大的計算資源和大量的數據，對於中小型企業和個人創作者來說，可能面臨資源不足的問題。

    AIGC 技術可以生成逼真的影音內容，這也帶來了內容真實性和倫理方面的挑戰。例如，虛假資訊的傳播和版權問題，需要引起重視。

2. 未來發展方向

    未來，隨著計算資源的普及和技術的優化，AIGC 的應用門檻將會降低，更多的企業和個人將能夠受益於這項技術。

    針對 AIGC 技術可能帶來的問題，政府和相關機構將會制定相應的法規和道德規範，確保技術的正向發展。

> **小結**
>
> AIGC 技術正在以驚人的速度改變各行各業的影音生成方式。無論是電影、動畫製作、廣告行銷，還是教育培訓，AIGC 工具都展示了其在提高創作效率、降低成本和激發創意方面的巨大潛力。
>
> 隨著技術的進一步發展，AIGC 在影音生成領域的應用範圍將會更加廣泛，並對未來的創作方式產生深遠的影響。我們有理由相信，AIGC 將為人類社會帶來更多的便利和創新，促進各個產業的發展和進步。

Chapter 3 課後習題

▶ 單選題 ◀

(　　) 1. 下列哪種神經網路結構常用於語音合成,因為它能處理序列數據並保留歷史資訊?
(A) 支持向量機(SVM)　　(B) 卷積神經網路(CNN)
(C) 生成對抗網路(GAN)　　(D) 循環神經網路(RNN)。

(　　) 2. Tacotron 是由哪家公司開發的文本到語音合成模型?
(A) 蘋果　(B) 微軟　(C) 亞馬遜　(D) Google。

(　　) 3. 下列哪一項不是 Tacotron 的特點?
(A) 能夠生成接近真人的語音　(B) 開源且可進行二次開發
(C) 主要用於音樂創作　　(D) 使用 RNN 和注意力機制。

(　　) 4. AIVA 工具主要用於哪個領域?
(A) 音樂創作　(B) 圖像編輯　(C) 影片剪輯　(D) 語音識別。

(　　) 5. MusicLM 的主要功能是什麼?
(A) 自動編輯影片　　(B) 根據圖像生成音樂
(C) 根據文字描述生成音樂　(D) 將音樂轉換為文字。

(　　) 6. 下列哪個工具是蘋果公司的虛擬語音助理?
(A) Google Assistant　(B) Cortana　(C) Siri　(D) Alexa。

(　　) 7. 提升語音生成品質的一種方法是增加模型的複雜度,下列哪個措施屬於增加模型複雜度?
(A) 減少計算資源　　(B) 減少訓練數據量
(C) 簡化網路結構　　(D) 增加神經網路的層數和參數量。

(　　) 8. 為了提升語音的自然度,研究人員注重哪個因素?
(A) 語音的頻率　　(B) 音位連接的平滑性
(C) 語音的音量　　(D) 語音的響度。

(　　) 9. 下列哪種技術可以用於生成具有情感色彩的語音?
(A) 自然語言處理　(B) 語音辨識　(C) 情感合成　(D) 圖像識別。

(　　) 10. 下列哪一項不是提高 AI 語音生成品質的挑戰?
(A) 提升模型複雜度導致的計算資源需求增加　(B) 確保訓練數據的多樣性　(C) 減少訓練時間以提高效率　(D) 開發更高效的聲碼器。

(　　) 11. 下列哪種技術是 AI 影片生成工具的核心技術之一，通過生成器和判別器的對抗訓練生成影片？
(A) 長短期記憶網路（LSTM） (B) 卷積神經網路（CNN）
(C) 生成對抗網路（GAN） (D) 支持向量機（SVM）。

(　　) 12. 在影片生成中，哪種模型可以更有效地處理長期時間依賴，特別是在生成長片段影片時？
(A) K 近鄰演算法（KNN） (B) 支持向量機（SVM）
(C) 循環神經網路（RNN） (D) Transformer 模型。

(　　) 13. 下列哪個工具是由 Runway AI 推出的文本到影片生成工具？
(A) Pictory (B) FlexClip (C) Gen-2 (D) Elai。

(　　) 14. Pictory 工具的主要功能是什麼？
(A) 編輯圖像並添加特效 (B) 創建虛擬角色
(C) 自動生成音樂 (D) 將文字內容轉換為影片。

(　　) 15. 下列哪個工具允許使用者僅通過輸入文本來創建帶有虛擬人類解說的影片？
(A) Midjourney (B) Synthesia (C) Elai (D) InVideo。

(　　) 16. 下列哪一個影片生成工具適合用於快速製作多樣化影片並提供豐富的模板？
(A) FlexClip (B) Pictory (C) Elai (D) Synthesia。

(　　) 17. AI 影片生成技術在電影和動畫產業中的應用不包括以下哪一項？
(A) 自動生成劇本情節 (B) 縮短影片製作的後期處理時間 (C) 提高影片的視覺效果 (D) 創造虛擬世界和角色的特效。

(　　) 18. 使用 AI 影片生成工具，可以節省以下哪種成本？
(A) 聘請配音員 (B) 購買攝影設備
(C) 行銷推廣費用 (D) 版權費用。

(　　) 19. 下列哪一項不是 AI 影片生成技術面臨的挑戰？
(A) 影片品質與真實性 (B) 訓練數據與資源需求
(C) 法律與倫理問題 (D) 提高影片的價格。

(　　) 20. 未來 AI 影片生成技術的發展方向不包括以下哪一項？
(A) 個性化影片創作　　　　　(B) 跨平台協作與生成
(C) 開發更高效的聲碼器　　　(D) 與其他技術的融合。

(　　) 21. 在電影和動畫產業中，AIGC 技術可以用於以下哪個應用？
(A) 供應鏈管理　　　　　　　(B) 虛擬場景與角色生成
(C) 市場定價策略　　　　　　(D) 財務報表分析。

(　　) 22. AIGC 技術在行銷與廣告產業中的應用包括哪一項？
(A) 開發新型材料　　　　　　(B) 進行法律諮詢
(C) 快速生成產品宣傳影片　　(D) 設計建築結構。

(　　) 23. 電子商務企業使用 AIGC 技術生成虛擬客服影片的主要目的是什麼？
(A) 減少網站流量　　　　　　(B) 提供自動化、個性化的客戶服務
(C) 增加產品價格　　　　　　(D) 提高物流成本。

(　　) 24. AIGC 技術在新聞與媒體產業中的應用不包括以下哪一項？
(A) 多語言新聞影片生成　　　(B) 編寫法律文件
(C) 自動化新聞報導　　　　　(D) 提高內容發布速度。

(　　) 25. 在教育與培訓產業中，AIGC 技術可以用於以下哪種應用？
(A) 自動生成教學影片　　　　(B) 建造學校設施
(C) 減少教師人數　　　　　　(D) 增加學費。

(　　) 26. AIGC 技術在娛樂產業的應用包括以下哪一項？
(A) 自動生成音樂影片　　　　(B) 制定財政政策
(C) 開發新型醫療器械　　　　(D) 管理交通運輸。

(　　) 27. 以下哪一項是 AIGC 技術在應用中面臨的挑戰？
(A) 減少創作靈感　　　　　　(B) 提高後期處理時間
(C) 增加製作成本　　　　　　(D) 資源需求和內容真實性問題。

(　　) 28. 未來 AIGC 技術的發展方向包括以下哪一項？
(A) 技術優化與普及　　　　　(B) 降低教育水平
(C) 限制科技發展　　　　　　(D) 減少全球網路覆蓋。

(　　) 29. 下列哪個產業使用 AIGC 技術來自動生成多語言版本的影片，以滿足全球觀眾的需求？
(A) 新聞與媒體產業　(B) 建築工程　(C) 醫療保健產業　(D) 農業。

(　　) 30. 在行銷推廣活動中，使用 AIGC 技術創造虛擬主持人的主要優勢是什麼？
(A) 降低影片品質　　　　　　(B) 增強宣傳片的吸引力並降低成本
(C) 延長影片製作時間　　　　(D) 增加聘請真人主持人的費用。

Chapter **4**

AIGC 程式與數據分析工具

4-1　輔助程式生成應用

4-2　輔助數據分析應用

4-3　各行業的應用

4-4　AIGC 整合應用概述

4-1 輔助程式生成應用

隨著人工智慧技術的迅猛發展，程式生成工具已不再是遙不可及的願景，而是實實在在地融入了開發者的日常工作流程中。這些工具不僅能夠協助開發者快速撰寫程式碼，還能最佳化程式碼、進行錯誤檢測，甚至參與架構設計。以 ChatGPT 為代表的 AI 模型，在程式碼生成領域的應用尤為引人注目。它們利用自然語言處理和機器學習技術，根據開發者的需求生成各種程式碼，從而大幅提升工作效率。

然而，程式生成的領域並非只有 ChatGPT 一家獨大。市場上還有許多其他強大的平台和語言模型，如 GitHub Copilot、Kite、TabNine 等，它們在各自的領域也展現了卓越的能力。本文將深入探討這些輔助程式生成工具的應用，涵蓋核心技術、實際應用場景、目前的限制，以及未來的發展方向。同時，我們也將討論這些工具對開發者生態系統的影響，以及在使用過程中需要注意的倫理和安全問題。

4-1.1 程式生成工具的原理與發展

程式生成工具的核心在於語言模型的進步。這些模型透過深度學習，特別是基於 Transformer 架構的神經網路，能夠從大量的文字和程式碼資料中學習語言的結構和語義。以 ChatGPT 為例，它能夠理解開發者以自然語言表達的需求，並將其轉化為對應的程式碼。

例如，當開發者要求「生成一個計算 BMI 的 Python 函式」時，ChatGPT 首先解析這個指令的語義，理解「計算 BMI」的公式和需要的輸入參數，然後生成相應的 Python 程式碼。而 GitHub Copilot 則透過分析開發者當前編寫的程式碼上下文，自動提供程式碼建議和補全，大幅提升了編碼效率。

4-1.2 現有的輔助程式生成工具

除了 ChatGPT 之外，市場上還有許多輔助程式生成的工具，它們各有特色，為開發者提供了多樣化的選擇。

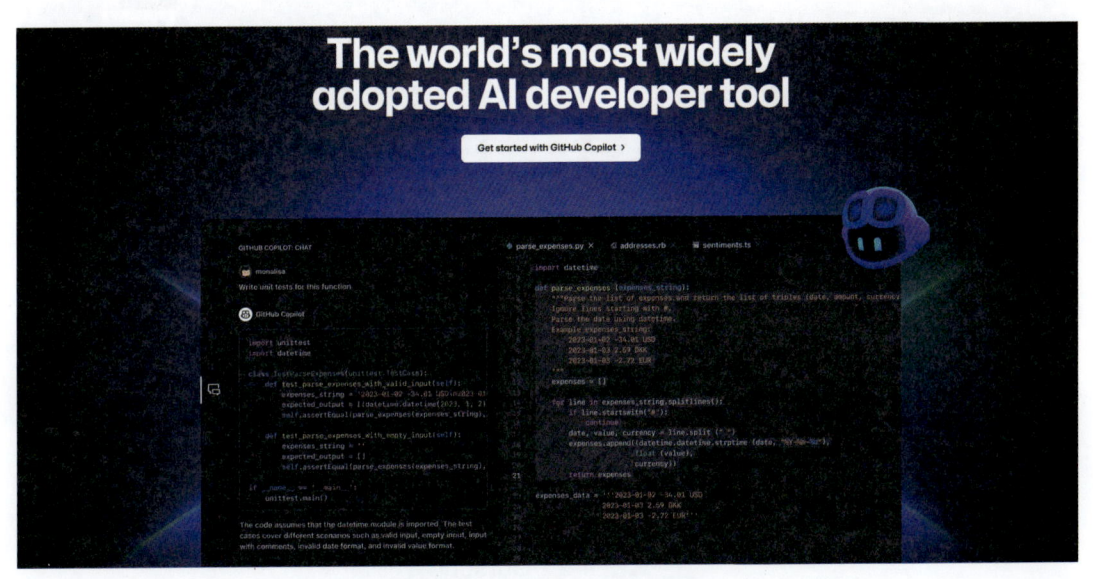

1. GitHub Copilot

   由 GitHub 和 OpenAI 合作開發的 Copilot，是專為程式開發者設計的 AI 工具。它能夠根據程式碼上下文，自動補全程式碼片段，甚至整個函式。Copilot 支持多種程式語言，並且可以與 Visual Studio Code 等主流編輯器無縫整合。

   Copilot 的特點在於其深度整合的開發環境，以及對開發者編碼風格的適應能力。透過學習大量的開放原始碼，它能夠提供高水準的程式碼建議，幫助開發者提高效率，減少重複勞動。

   ▲圖 4-1　GitHub Copilot

2. Cursor

   Cursor 是由 Anysphere 開發的 AI 驅動程式碼編輯器，專為提升開發效率和程式碼品質而設計。它整合了智慧程式碼補全、錯誤檢測、程式碼重構等功能，能根據上下文自動提供準確的程式碼建議和修改方案，支援多種程式語言，讓開發者專注於高階邏輯設計與創意。

除了基礎的程式碼輔助功能，Cursor 還支持自然語言互動，開發者可以直接輸入需求，讓 AI 自動生成或優化程式碼，降低了使用門檻。此外，它支持多檔案編輯，適合大型專案中的協作和管理，並且與主流的開發環境如 Visual Studio Code 無縫整合，提供一致且流暢的開發體驗。

Cursor 的一大亮點是其多模型支援，開發者可根據需求選擇不同的語言模型，如 GPT-4 或 Claude，實現個性化的 AI 助手。這種靈活性不僅提升了工具的適用範圍，也讓開發者能在隱私和效率之間取得平衡。

總體而言，Cursor 是一款功能強大且靈活的程式碼編輯工具，無論是簡化日常編碼，還是處理複雜的專案，都能成為開發者不可或缺的得力助手。它結合了先進的 AI 技術和直觀的設計，幫助開發者在激烈的技術競爭中脫穎而出。

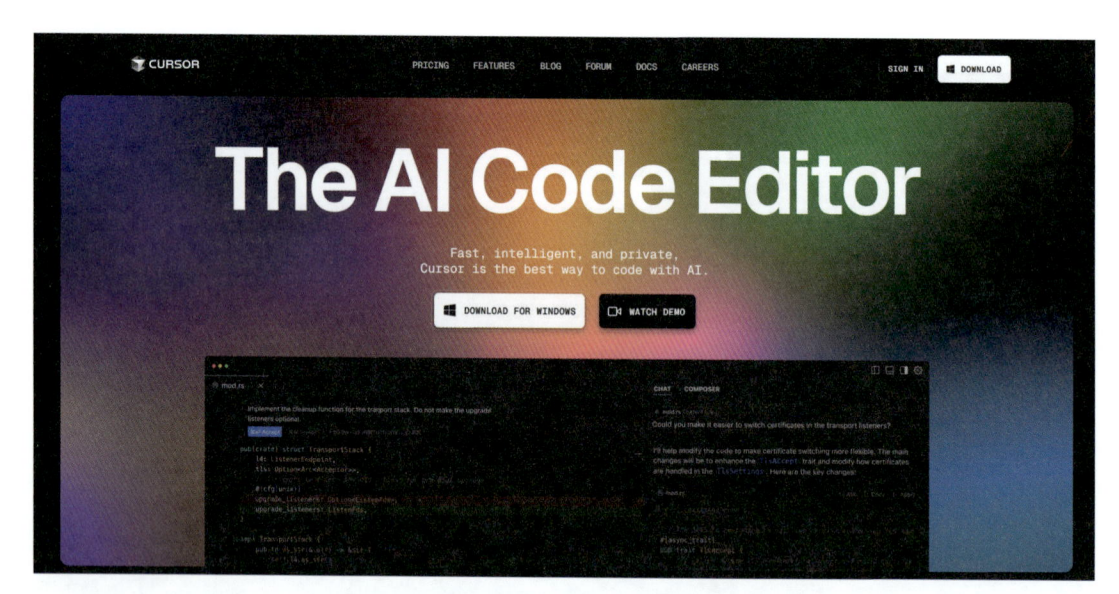

▲圖 4-2　Cursor

3. TabNine

TabNine 是一個使用深度學習技術的程式碼補全工具，支持超過 20 種程式語言。它可以學習開發者的編碼風格，提供個性化的建議。TabNine 的特點是其廣泛的語言支持和高度的定制化能力。

通過本地模型運行，TabNine 在保護用戶隱私的同時，提供了快速的響應速度。它也能夠與其他工具整合，形成更加完整的開發體驗。

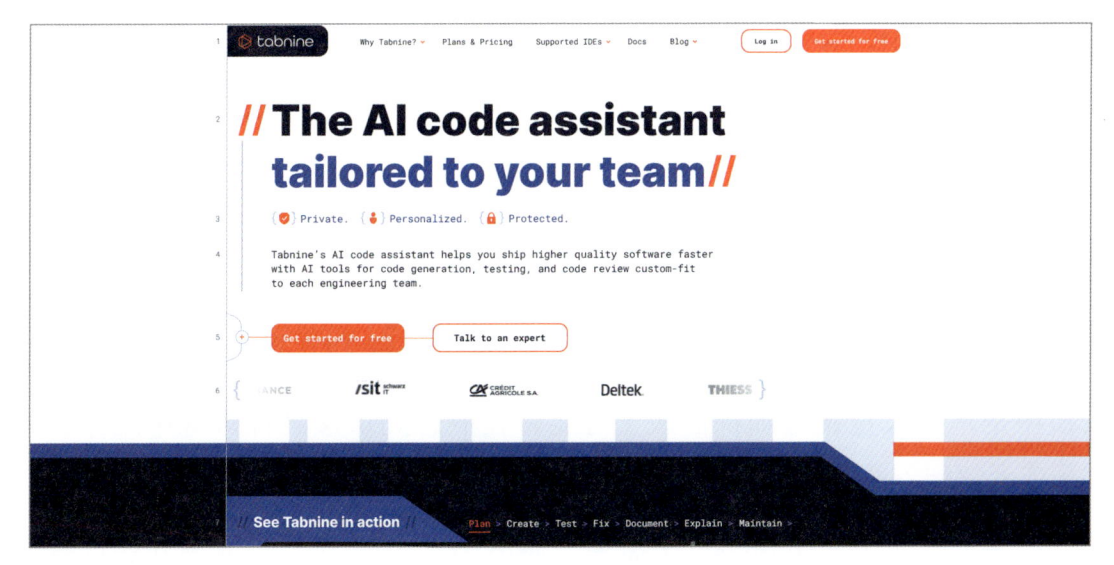

▲圖 4-3　TabNine

4-1.3 輔助程式生成工具的實際應用

在實際應用中，輔助程式生成工具為開發者帶來了許多便利。

首先，在程式碼重構與優化方面，開發者可以利用這些工具對現有的程式碼進行重構，提升程式碼的可讀性和效率。AI 模型可以建議更好的變數命名、函式拆分，以及優化演算法的實現，使得程式碼更加清晰易懂。

其次，在程式碼註解與文檔生成方面，良好的註解和文檔對於軟體的可維護性至關重要。AI 模型能夠根據程式碼自動生成相應的註解，甚至是完整的文檔，幫助團隊成員更好地理解程式碼，減少溝通成本。

此外，這些工具還能協助開發者進行錯誤檢測與除錯。當程式碼出現錯誤時，模型可以協助識別可能的問題所在，並提供修復建議。例如，指出語法錯誤、邏輯漏洞，或是資源洩露等問題，從而提高開發效率和程式碼品質。

4-1.4 目前的限制與挑戰

儘管輔助程式生成工具具備強大的能力，但在某些方面仍存在限制和挑戰。

首先，模型對於複雜上下文的理解仍然有限。在大型項目中，程式碼之間的依賴關係可能非常複雜，AI 工具可能無法準確地處理這些依賴，從而生成不符合預期的程式碼。

其次，這些工具在生成程式碼時，可能會引入隱藏的錯誤或安全漏洞。由於模型是基於大量數據訓練而成，可能會在無意間重複訓練數據中的錯誤模式，或者忽略安全最佳實踐。

再者，倫理和法律問題也是需要考慮的方面。AI 模型可能會在生成程式碼時，無意中複製受版權保護的程式碼片段，這可能引發法律糾紛。同時，模型可能會繼承訓練數據中的偏見，導致不公平或不道德的程式碼生成。

4-1.5 未來發展方向

展望未來，輔助程式生成工具有望在多個方面取得進展。

在模型能力方面，未來的工具將具備更強的上下文理解能力，能夠更好地理解大型項目的架構和依賴關係，生成更準確和高水準的程式碼。同時，模型將支援更多的程式語言和框架，滿足不同開發者的需求。

在工具整合方面，輔助程式生成工具將與開發環境深度整合，提供即時的程式碼建議、錯誤檢測、性能分析等功能，形成一體化的開發體驗。這將進一步提高開發效率，減少在不同工具之間切換的時間成本。

在安全和倫理方面，未來的工具將更加注重安全性和隱私保護。通過引入安全檢查機制，避免生成含有漏洞的程式碼；同時，採用技術手段保護用戶的原始碼不被洩露。對於模型可能存在的偏見，業界也將投入更多的精力進行研究和改善。

此外，智慧程式碼審查與測試也將成為可能。AI 工具將能夠自動化地進行程式碼審查，發現潛在的問題，並提供修復建議，從而提升軟體的品質。

4-1.6 對開發者的影響與適應

隨著輔助程式生成工具的普及，開發者的角色將發生變化。從傳統的編碼工作，轉向更高階的設計與決策。開發者需要提升架構設計能力，專注於系統設計、模組劃分等高層次的工作。同時，加強問題解決能力，能夠識別和解決複雜的業務問題。

與 AI 工具的協作也成為一項重要的技能。開發者需要學會如何有效地與 AI 工具互動，例如撰寫清晰的需求描述，讓模型更好地理解並生成符合需求的程式碼。理解模型的局限性，知道何時信任工具的建議，何時需要自行判斷，也是關鍵。

持續學習與適應是必要的。技術的快速發展要求開發者保持學習的心態，關注最新的工具和技術趨勢，確保自身技能不被淘汰。

小結

輔助程式生成工具正在以驚人的速度發展，並逐漸成為開發者日常工作的重要組成部分。從 ChatGPT 的自然語言互動，到 GitHub Copilot 的即時程式碼補全，再到 Cursor 和 TabNine 在程式設計效率提升上的貢獻，這些工具展現了強大的應用潛力。

儘管它們在某些方面仍有局限性，但其帶來的效率提升和便利性，無疑讓開發者能夠專注於更高階的邏輯設計與創新工作。未來，隨著 AI 技術的不斷進步，這些工具將在更廣泛的應用場景中發揮更重要的作用，幫助開發者解決更複雜的程式撰寫和應用開發問題。

開發者需要積極適應這種變化，提升自身的技能和素養，善用這些工具，結合自身的經驗和知識，創造出更加優秀的程式應用和解決方案。在這個人機協作的時代，AI 並不是要取代人類，而是成為我們的強大助手。只有充分理解並善用這些工具，我們才能在技術的洪流中立於不敗之地，開創更加美好的未來。

4-2　輔助數據分析應用

隨著人工智慧技術的迅猛發展，數據分析的方式和工具正經歷著革命性的變化。特別是在 AIGC 的應用中，現代數據分析工具不僅能處理龐大的資料集，還能利用自然語言處理技術來生成洞見、構建模型和創建視覺化結果。這些工具極大地降低了專業門檻，使更多的使用者能夠運用數據分析技術解決各類問題。

除了廣為人知的 ChatGPT，市場上還有許多強大的平台和語言模型，如 DataRobot、H2O.ai、Microsoft Azure Machine Learning Studio、Google Cloud AutoML 等，它們在輔助數據分析方面同樣扮演著重要角色。本文將深入探討這些工具在輔助數據分析中的應用場景，涵蓋相關的技術細節、實際應用、局限性，以及未來的發展方向。

4-2.1　AI 輔助數據分析的基礎

AI 工具在數據分析中的核心優勢在於其自然語言處理和機器學習能力。透過 NLP 技術，使用者可以以自然語言提出分析需求，而 AI 工具則負責將這些需求轉化為具體的數據處理和分析步驟。例如，使用者可能會詢問：「請分析我們的銷售數據，找出銷售額增長最快的產品。」AI 工具能夠理解這個需求，並自動執行相應的分析。

機器學習技術則使得 AI 工具能夠自動從數據中學習模式，進行預測和決策。自動化機器學習（AutoML）進一步降低了使用門檻，讓非專業人士也能構建高效的預測模型。

4-2.2　ChatGPT 的數據分析能力

ChatGPT 是一個基於 OpenAI GPT-4 架構的語言模型，利用深度學習和自然語言處理技術，能夠理解使用者的自然語言需求，並生成對應的分析步驟和解釋。它在數據分析方面的能力主要體現在數據理解、統計分析、視覺化和機器學習建議等方面。

然而，ChatGPT 也有其局限性。例如，在複雜的數學計算中可能出現錯誤，無法直接連接外部資料，需要手動上傳數據。此外，它無法在自身環境中執行程式碼，需要外部環境的支持。

4-2.3 其他主要的輔助數據分析平台

除了 ChatGPT，市場上還有許多其他強大的 AI 輔助數據分析平台，它們在功能和應用場景上各有特色。

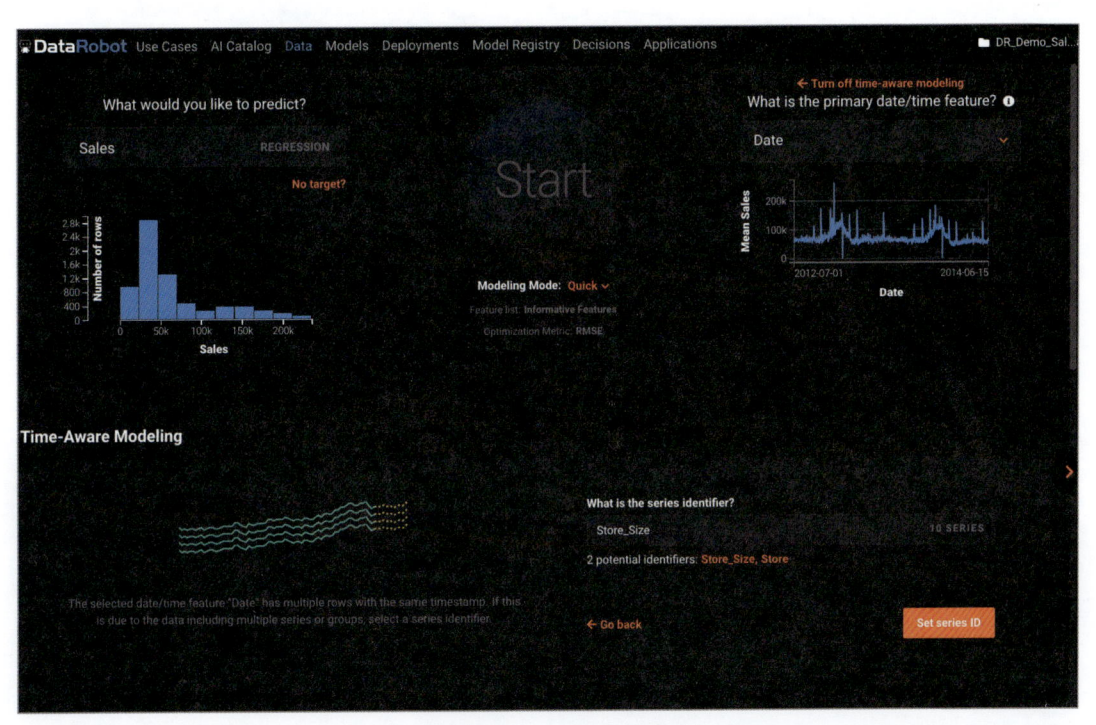

1. DataRobot

DataRobot 是一個領先的自動化機器學習平台，旨在加速數據科學項目的開發和部署。它利用 AutoML 技術，讓使用者能夠快速構建、訓練和部署機器學習模型。DataRobot 的主要特點包括自動模型構建、模型解釋性以及部署與監控功能。它適合大規模的商業應用，支持團隊協作，大幅縮短模型開發和部署的時間。

▲圖 4-4　DataRobot

2. H2O.ai

H2O.ai 是一個開源的機器學習平台，提供自動化機器學習和深度學習工具。其核心產品包括 H2O-3 和 Driverless AI。H2O.ai 支持自動化的模型選擇、參數調整和特徵工程，涵蓋了各種機器學習和深度學習演算法。它的開源特性和高性能計算能力使其易於訂製和擴展，特別適合處理大型資料集。

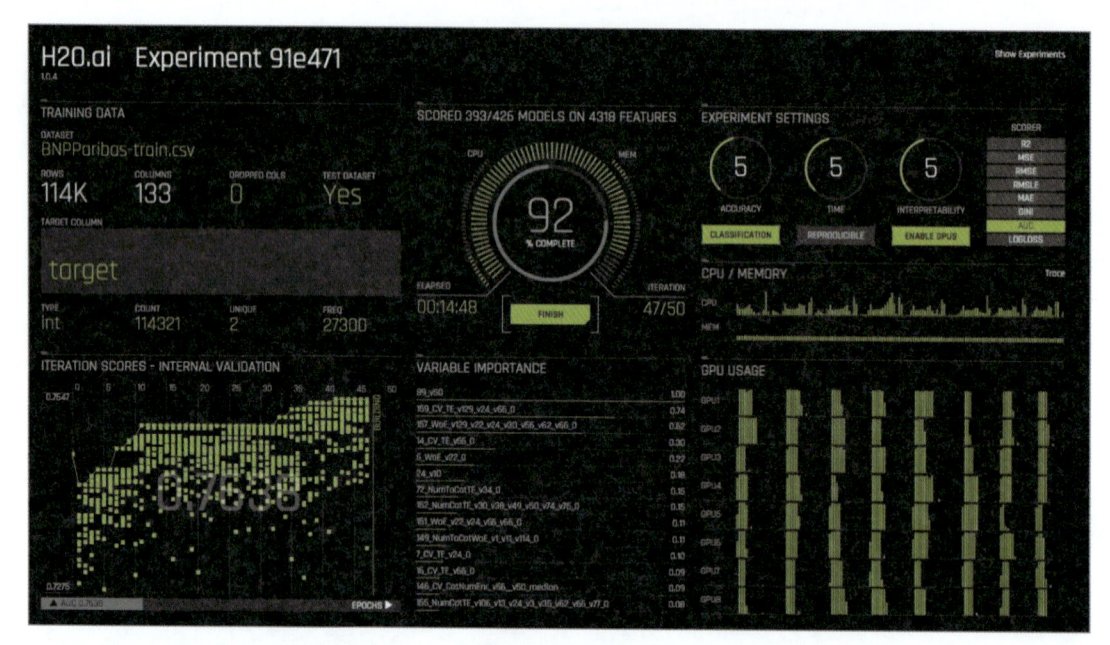

▲圖 4-5　H2O.ai

3. Microsoft Azure Machine Learning Studio

Microsoft Azure Machine Learning Studio 是一個基於雲端的整合開發環境，提供拖放式的機器學習模型構建工具，無需編寫程式碼。它提供可視化的介面和預建的模組，使用者可以方便地進行資料處理、模型構建和部署。Azure ML Studio 與 Azure 生態系統深度整合，便於與其他 Azure 服務進行整合，適合企業級應用。

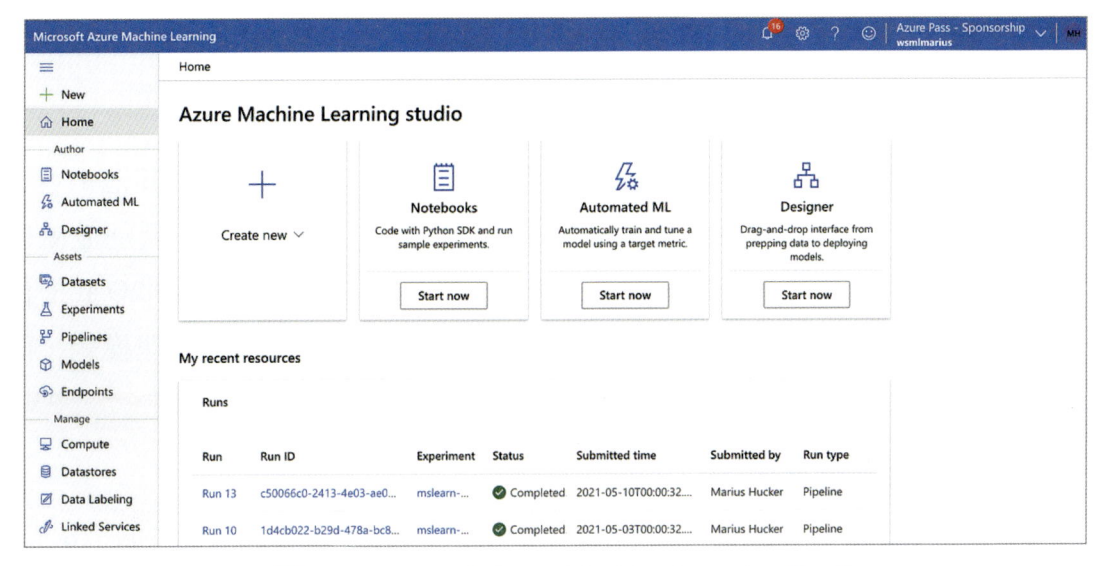

▲圖 4-6　Microsoft Azure Machine Learning Studio

4. Google Cloud AutoML

Google Cloud AutoML 是一套自動化機器學習產品，旨在使開發者輕鬆訓練高水準的模型，無需豐富的機器學習知識。它支持多種數據類型，包括圖像、文字、影片和表格數據。借助谷歌的先進技術，Google Cloud AutoML 能夠生成高性能的模型，並提供 API 存取，方便開發者整合到應用程序中。

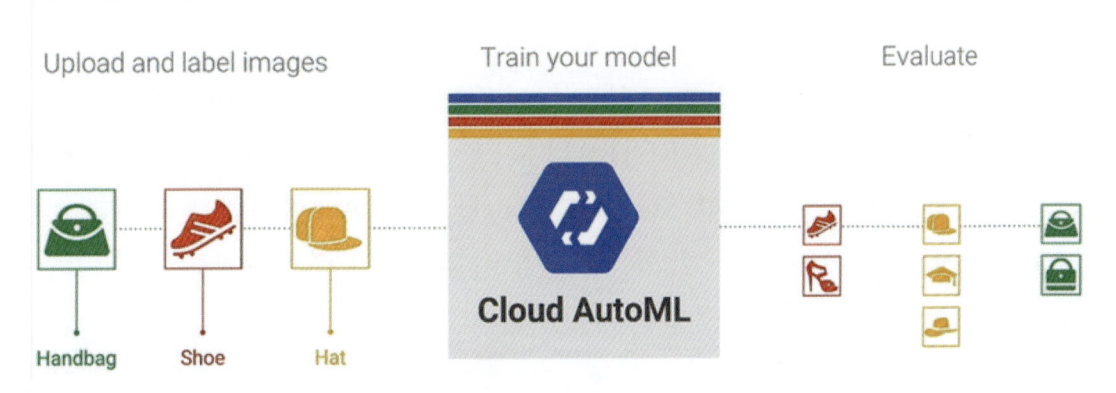

▲圖 4-7　Google Cloud AutoML

4-2.4 輔助數據分析工具的應用場景

1. **資料預處理**

    資料預處理是數據分析的關鍵步驟，無論是使用 ChatGPT 還是其他平台，都能夠有效地協助使用者完成這一任務。這些工具可以自動識別並處理缺失值和異常值，進行資料清洗和轉換。例如，DataRobot 和 H2O.ai 提供自動化的數據清洗功能，Azure ML Studio 提供預建的資料處理模組，而 Google Cloud AutoML 在上傳數據時會自動檢測並處理數據問題。

2. **機器學習模型構建**

    在機器學習模型的構建方面，這些平台都提供了強大的支持。DataRobot 和 H2O.ai 的 AutoML 功能可以自動嘗試多種演算法和參數組合，找到最佳模型。Azure ML Studio 提供預建的模型模組，使用者可以方便地比較不同模型的性能。Google Cloud AutoML 則自動處理模型選擇和訓練，使用者只需提供數據即可。

    此外，這些工具還提供了模型解釋與特徵重要性的分析功能，幫助使用者理解模型的決策過程。例如，DataRobot 和 H2O.ai 都提供了詳細的模型解釋工具，Azure ML Studio 提供特徵重要性分析模組，Google Cloud AutoML 也提供簡單的模型解釋結果。

3. **部署與監控**

    在模型的部署與監控方面，這些平台也有各自的優勢。DataRobot 支持一鍵部署到生產環境，提供 REST API 接口。H2O.ai 的模型可以部署為微服務，方便整合。Azure ML Studio 和 Google Cloud AutoML 都提供雲端部署選項，便於擴展和管理。此外，這些平台還提供了模型的性能監控和管理工具，幫助使用者維持模型的高效運行。

4. 實際案例分析

　　這些輔助數據分析工具在各行各業都有廣泛的應用。例如，在金融風險評估方面，DataRobot 可以用於信用風險評估和欺詐檢測，H2O.ai 的高性能計算適合處理大型金融資料集。在醫療診斷領域，Azure ML Studio 可以與醫療數據庫整合，用於疾病預測和診斷輔助，Google Cloud AutoML 的圖像分類功能可用於醫學影像分析。在零售業銷售預測中，DataRobot 和 H2O.ai 可以用於銷售數據分析，預測需求，優化庫存，而 ChatGPT 則可輔助生成銷售報告，提供策略建議。

4-2.5 與其他工具的整合應用

　　這些輔助數據分析工具都提供了與現有工作流程和工具整合的能力。例如，它們提供 API 和 SDK，方便與現有系統整合，開發者可以使用 Python、R、Java 等語言與這些平台互動。這些平台生成的模型和結果也可以導入到 Tableau、Power BI 等 BI 工具，進行可視化展示和商業報告。

　　在雲端服務的結合方面，Azure ML Studio 和 Google Cloud AutoML 天然整合了各自的雲端服務，提供彈性的計算資源和安全、可靠的數據儲存方案，如 Azure Blob Storage 和 Google Cloud Storage，便於數據的存取和管理。DataRobot 和 H2O.ai 也可以部署在雲端環境中，利用雲端資源進行大規模計算。

4-2.6 AI 輔助數據分析工具的優勢與挑戰

　　這些 AI 輔助數據分析工具的共同優勢在於降低了數據分析的門檻，提升了效率，並為非專業人士提供了利用數據的能力。自動化機器學習讓非專業人士也能構建機器學習模型，視覺化介面和自然語言互動減少了學習曲線。自動化的數據處理和模型構建縮短了開發時間，高性能的計算資源加快了數據分析的速度。此外，這些工具還提供了模型的解釋和特徵重要性分析，有助於理解模型的決策過程，滿足合規要求。

然而，這些工具也面臨著挑戰。資料隱私與安全是首要問題，敏感數據在上傳到雲端時，可能面臨安全風險，需要遵守 GDPR 等隱私法規。模型可能會繼承數據中的偏見，導致不公平的決策，這需要對模型進行審查和調整。此外，自動化工具可能無法滿足高度定制化的需求，複雜的業務場景可能需要專業的數據科學家介入。

4-2.7 未來發展方向

未來，AI 輔助數據分析工具將在多個方面持續發展。首先，強化人機協作，結合人類的專業知識與 AI 的計算能力，實現更高效的數據分析。開發更友好的互動介面，提升使用者體驗。其次，提升模型解釋性，引入更多的模型解釋工具，幫助理解複雜的深度學習模型，加強對模型決策過程的透明度。此外，強化安全與隱私保護，開發數據加密和匿名化技術，保護敏感資訊，遵守各種法規，建立信任。最後，擴展應用場景，將 AI 輔助數據分析應用於更多行業，如能源、環保、公共服務等，開發針對垂直領域的專用模型和工具。

小結

AI 輔助數據分析工具正在重塑我們處理和理解數據的方式。從 ChatGPT 的自然語言互動，到 DataRobot 和 H2O.ai 的自動化機器學習，再到 Azure Machine Learning Studio 和 Google Cloud AutoML 的雲端整合，這些工具各自發揮著獨特的作用。它們共同的特點是降低了數據分析的門檻，提升了效率，並為非專業人士提供了利用數據的能力。

然而，這些工具也面臨著挑戰，如資料隱私、安全性、模型偏見等問題，需要業界共同努力解決。未來，隨著技術的不斷進步，AI 輔助數據分析工具將變得更加智慧和人性化。我們可以期待更強大、更易用的工具，幫助我們從數據中挖掘更深層次的洞見，推動各行各業的發展。

對於個人和企業來說，善用這些工具，結合自身的專業知識，將能夠在競爭中獲得優勢。數據分析不再是少數專家的專利，而是每個人都可以掌握的技能。在這個數據驅動的時代，讓我們積極擁抱人工智慧，開創更加美好的未來。

4-3　各行業的應用

隨著人工智慧技術的迅猛發展，人工智慧生成內容在各個領域正逐漸崛起。從圖像生成、文字創作，到程式碼編寫和數據分析，AIGC 正快速滲透到各個產業，重塑企業的運營模式和技術應用。其核心能力在於利用深度學習模型和大量數據訓練，幫助企業自動化內容創建和資料處理任務，大幅提升生產力和效率。

特別是在程式碼生成與數據分析領域，AIGC 帶來了革命性的變化。企業不僅能夠加速開發流程，還能透過自動化的數據分析獲取更深入的洞察。本文將深入探討 AIGC 在程式生成和數據分析方面的產業應用，包括其在軟體開發、金融、製造業、醫療等領域的實際應用，以及未來的發展趨勢。

4-3.1　AIGC 程式生成技術在產業中的應用

1. **軟體開發的自動化與創新**

    在傳統軟體開發中，開發者需要手動撰寫大量的程式碼，這不僅耗時，還容易出現錯誤。AIGC 的程式生成技術利用自然語言處理和深度學習，可以自動生成符合語法和功能要求的程式碼，極大地加速了開發過程。開發者可以使用 AIGC 工具，如 GitHub Copilot、OpenAI Codex 等，輸入自然語言描述，工具會自動生成相應的程式碼。這使得開發者能將更多精力投入到系統設計和架構上，而不是花時間在重複性的編碼上。

    透過自動化生成程式碼，企業可以降低開發成本，減少人力資源的投入。同時，自動生成的程式碼通常遵循最佳實踐，減少了程式碼錯誤和後期維護的成本。這種自動化也促進了技術創新，開發者能夠快速實現原型，驗證想法的可行性，從而促進產品的迭代和改進。

2. **前後端開發的整合與提升**

    AIGC 在前後端開發中都有重要的應用。在前端開發中，AIGC 工具可以根據設計稿或自然語言描述，自動生成網頁布局和樣式，減少手工編碼的時間。例如，設計師可以輸入「創建一個三欄布局的響應式網頁」，工具會自動生成對應的 HTML 和 CSS 程式碼。在後端開發中，AIGC 能夠自動生成數據庫查詢、API 接口的程式碼，甚至是完整的後端服務框架。這使得開發者可以在前後端之間無縫切換，提高整體開發效率。

3. 測試與錯誤排除的自動化

   軟體測試是保證軟體品質的重要環節。AIGC 工具可以自動生成單元測試和整合測試的程式碼，覆蓋更多的測試場景，確保軟體的穩定性。同時，AIGC 能夠分析程式碼，識別潛在的錯誤和安全漏洞，提示開發者可能存在的問題，幫助他們在早期階段修復問題。此外，AIGC 還可以提供性能優化的建議，提升程式的運行效率。

4-3.2　AIGC 數據分析在產業中的應用

1. 行銷與商業決策的智慧化

   在行銷領域，企業需要分析大量的消費者數據來制定策略。AIGC 技術可以自動分析來自社交媒體、電子商務平台的數據，了解客戶的需求和偏好。透過對歷史數據的分析，AIGC 可以預測市場趨勢，幫助企業提前制定策略，優化產品和服務。此外，AIGC 還能為用戶提供個性化的產品推薦，提升用戶體驗和轉化率。

2. 供應鏈管理的優化

   供應鏈管理是企業運營的關鍵環節，涉及多個流程和合作夥伴。AIGC 技術能夠即時監控供應鏈中的各個環節，識別潛在的風險，提供優化建議。透過數據分析，AIGC 可以找出供應鏈中的瓶頸，優化生產計劃和庫存管理，降低成本，提高效率。這種智慧化的供應鏈管理有助於企業更靈活地應對市場變化。

3. 人力資源管理的精準化

   在人力資源管理中，AIGC 數據分析工具能夠協助企業進行員工績效評估、人才招聘優化和員工流失預測。透過分析員工的工作數據和績效指標，AIGC 可以提供客觀的評估，幫助管理層制定獎勵和培訓計劃。同時，AIGC 可以優化招聘流程，提高招聘成功率，並預測員工的離職風險，採取相應的留任措施。

4-3.3　AIGC 技術在金融產業的應用

1. 投資組合管理與風險控制

   在金融行業，AIGC 技術可以分析各種金融資產的歷史表現和市場趨勢，自動生成最優的資產配置方案，為投資者制定個性化的投資組合。AIGC 還能夠在高頻交易中，即時分析市場數據，做出交易決策。此外，透過對

市場風險和信用風險的分析，AIGC 可以預測潛在的風險事件，提供風險對沖建議，提升風險管理水平。

2. 合規與反洗錢的自動化

   金融機構需要遵守嚴格的法規和合規要求。AIGC 可以自動分析業務流程，檢查合規性，確保業務運營符合監管要求。同時，AIGC 技術能夠自動分析交易數據，識別異常交易行為，預防洗錢和欺詐行為，降低金融犯罪風險。

4-3.4 AIGC 技術在製造業的應用

1. 智慧製造與品質控制

   AIGC 在製造業中的一個重要應用是智慧製造。透過數據分析和機器學習，生產設備可以自動調整生產參數，提高產品品質和生產效率。AIGC 技術還可以自動檢測產品的品質問題，識別缺陷，及時剔除不合格產品，降低生產損耗。

2. 預防性維護與生產計劃優化

   設備的正常運轉對於製造業至關重要。AIGC 技術能夠即時監測設備的運行情況，預測設備的故障，提前安排維護，避免生產中斷。同時，透過對生產數據和市場需求的分析，AIGC 可以優化生產計劃，調整生產排程，降低生產成本。

4-3.5 AIGC 技術在醫療行業的應用

1. 醫療數據分析與診斷輔助

   醫療行業中的數據類型多樣且龐大，包括病歷、診斷記錄、醫療影像等。AIGC 技術能夠自動分析這些數據，為醫生提供診斷輔助建議。例如，AIGC 可以自動分析醫學影像，協助醫生識別疾病徵兆，提供初步的診斷建議。透過對電子病歷的分析，AIGC 可以提取關鍵資訊，幫助醫生了解患者的病史。

2. 個性化治療與精準醫療

   個性化醫療是現代醫學的重要趨勢。AIGC 技術能夠根據病人的基因數據和病史，生成個性化的治療方案，提高治療的成功率。透過對患者數據的深入分析，AIGC 可以預測疾病風險，提供預防建議，實現精準醫療。

4-3.6 AIGC 技術的未來發展趨勢

1. **更高的自動化與智慧化**

   未來的 AIGC 技術將實現更高水平的自動化，從數據分析到決策生成，整個過程都將更加智慧化。這將使企業能夠更快地應對市場變化，利用數據驅動的洞察進行更準確的商業決策。

2. **人機協作的加強**

   AIGC 技術將更強調與人類專家的互補作用，結合專家的知識與經驗，進一步提高自動化的效果。例如，醫療領域中的診斷輔助系統將與醫生的專業診斷相結合，為病人提供更準確的治療方案。

3. **隱私與安全的保障**

   隨著 AIGC 技術的廣泛應用，數據隱私與安全問題將更加重要。未來的 AIGC 技術需要具備更高的隱私保障和數據安全能力，確保企業和個人在使用這些技術時不會遭受數據洩露或安全風險。

小結

　　AIGC 技術在程式生成和數據分析中的應用，正在顯著改變各行各業的運營模式。從軟體開發的自動化、數據分析的精準性，到製造業和醫療行業的智慧化應用，AIGC 為企業提供了強大的支持，幫助它們提高效率、降低成本，並發掘新的商業機會。

　　然而，AIGC 技術的應用也帶來了一些挑戰，如數據隱私、安全性、倫理問題等。企業需要在技術應用的同時，建立完善的管理和監督機制，確保技術的合規和可持續發展。

　　未來，隨著技術的不斷進步，AIGC 將在更多的領域發揮作用，成為企業創新和發展的重要引擎。我們可以預見，AIGC 將在未來的商業環境中扮演更加重要的角色，推動整個社會向智慧化和數據驅動的方向發展。

　　對於企業和個人而言，積極擁抱 AIGC 技術，提升自身的數位化能力，將能夠在競爭中獲得優勢，開創更加美好的未來。

4-4　AIGC 整合應用概述

隨著人工智慧生成內容技術的飛速發展，單一領域的應用已經難以滿足日益複雜的需求。AIGC 的整合應用正成為新的趨勢，將文字、圖像、音訊、影片以及程式設計和數據分析等多種技術結合起來，創造出前所未有的可能性。本節將深入探討 AIGC 的整合應用，包括跨領域的技術融合、在特定行業中的應用、與其他技術的結合，以及整合過程中面臨的挑戰和解決方案。

4-4.1　跨領域的整合應用

AIGC 的多模態生成技術是整合應用的重要方向之一。傳統的 AIGC 應用通常專注於單一的內容形式，如文字生成、圖像生成或音訊生成。然而，現代應用場景往往需要結合多種內容形式，以提供更豐富的體驗。

例如，**虛擬主播**結合了文字生成、語音合成、圖像生成和動畫技術。透過文字生成技術，系統可以自動撰寫新聞稿或故事腳本；語音合成技術將文字轉換為自然流暢的語音；圖像生成和動畫技術則用於創建逼真的虛擬形象。最終，這些元素整合在一起，形成一個能夠自主播報的虛擬主播。

在**多媒體內容創作**方面，AIGC 的整合應用也展現出巨大的潛力。在廣告、教育和娛樂等領域，多媒體內容創作需要同時運用多種 AIGC 技術。透過整合，創作者可以更高效地生成富有創意和互動性的內容。一個互動式學習平台可以結合文字、圖像和音訊生成技術，為學生提供個性化的學習內容。系統可以根據學生的學習進度，自動生成適合的教材，包括解說文字、示意圖和教學影片，並透過語音助手進行互動。

4-4.2 AIGC 在特定行業的整合應用

1. 廣告與行銷

在廣告與行銷領域，AIGC 的整合應用可以大幅提升營銷活動的效率和效果。透過文字生成技術，自動撰寫產品描述和廣告文案；圖像生成技術可用於創建視覺效果突出的宣傳圖片；音訊和影片生成技術則能製作吸引人的廣告片。

> **提示範例：智慧行銷方案**
>
> 某企業使用 AIGC 技術自動生成行銷材料。系統根據市場數據，生成符合目標受眾偏好的廣告文案和視覺內容，並透過音訊生成技術創作背景音樂。這種整合應用縮短了行銷方案的製作時間，並提高了內容的針對性。

2. 教育與培訓

教育領域對於個性化和互動式內容的需求日益增長。AIGC 的整合應用可以為學生提供量身定制的學習體驗。

> **提示範例：自適應學習系統**
>
> 自適應學習系統利用 AIGC 技術，根據學生的學習歷程，自動生成教學內容和練習題。文字生成技術用於撰寫教材和解釋；圖像生成技術提供示意圖和視覺輔助；語音合成則讓系統能夠與學生進行語音互動，回答問題或提供指導。

3. 娛樂與媒體

在娛樂產業，AIGC 的整合應用可以加速內容創作，並帶來新的娛樂形式。

> **提示範例：自動化遊戲開發**
>
> 透過 AIGC 技術，開發者可以自動生成遊戲劇情、角色設計和背景音樂。文字生成技術創作遊戲的故事情節和對話；圖像生成技術設計角色和場景；音訊生成技術則提供遊戲的背景音樂和音效。這種整合應用不僅提高了開發效率，還使得小型團隊也能創作出高品質的遊戲。

4-4.3 AIGC 與其他技術的整合

1. AIGC 與區塊鏈

AIGC 與區塊鏈技術的結合，為創新應用開闢了新的道路。區塊鏈可以為 AIGC 生成的內容提供版權保護和溯源機制。透過將生成的內容上鏈，創作者可以確保作品的唯一性和不可篡改性，並方便追蹤內容的使用和傳播。

> **提示範例：數位藝術品交易**
>
> 在數位藝術品市場，AIGC 生成的作品可以透過區塊鏈技術進行交易。每一件作品都對應一個不可替代的代幣（NFT），確保作品的所有權和真實性，為藝術家和收藏家提供信任機制。

2. AIGC 與虛擬現實 / 擴增實境

將 AIGC 生成的內容應用於 VR/AR 環境，可以創造更加沉浸式的體驗。透過即時生成符合環境和情境的內容，提升用戶的互動性和參與感。

> **提示範例：沉浸式旅遊體驗**
>
> 旅遊業可以利用 AIGC 和 VR／AR 技術，為用戶提供虛擬旅遊體驗。系統根據用戶的興趣，生成個性化的旅遊路線和解說內容，並透過 VR/AR 設備呈現逼真的場景。

4-4.4 整合應用的挑戰與解決方案

在 AIGC 技術的廣泛應用中，整合不同的工具和平台已成為提高效率和創新能力的關鍵。然而，在整合過程中，我們面臨著多種挑戰，其中**技術相容性**、**數據處理與格式轉換**以及**性能優化**是最為突出的三個問題。這些挑戰需要深入的分析和有效的解決方案，才能確保整合應用的成功。

首先，**技術相容性**是整合應用中最主要的挑戰之一。由於不同的 AIGC 工具和平台可能採用不同的程式語言、開發框架、數據格式和通信協定，這使得它們之間的互操作性受到限制。例如，一些工具可能基於 Python 開發，使用 RESTful API 進行通信，而另一些工具可能採用 Java 或 C++，並使用不同的協定。這種技術差異增加了整合的複雜性，可能導致系統不穩定和開發成本上升。

為了解決技術相容性的問題，採用開放標準是關鍵策略之一。鼓勵使用通用的技術標準和協定，如 HTTP／HTTPS、JSON 和 XML 等，可以提高不同系統之間的相容性。這樣，開發者可以遵循統一的規範，減少因技術差異導致的溝通和整合困難。此外，開發專門的中間件也是有效的解決方案。中間件可以作為不同系統之間的橋樑，負責協調通信、轉換數據格式和處理協定差異，從而實現系統的無縫整合。

其次，**數據處理與格式轉換**也是整合應用中不可忽視的挑戰。在整合多種 AIGC 應用時，不同系統之間的數據格式和結構可能存在差異，需要進行轉換和處理。例如，一個系統可能使用 JSON 格式的數據，而另一個系統則使用 XML 格式。此外，數據字段的命名、結構和含義也可能不一致，增加了數據交換的難度。

為了應對這一挑戰，建立統一的數據標準至關重要。制定統一的數據格式和結構，可以確保數據在不同系統之間傳遞和理解的一致性。這需要相關方共同協商，確定數據字段的定義、格式和約束條件。除了制定標準，使用數據轉換工具也是解決方案之一。這些工具可以自動將數據從一種格式轉換為另一種格式，處理數據結構的差異，從而減少手動轉換的工作量和錯誤風險。

最後，**性能優化**是整合多種 AIGC 技術時需要面對的重要挑戰。由於整合增加了系統的複雜度，可能導致性能下降、響應時間延長，甚至影響用戶體驗。特別是當涉及大量數據處理和複雜計算時，系統的資源消耗和負載都會顯著增加。

為了確保系統的高效運行，採用分布式架構是有效的策略。通過將不同的功能模組分布在多個服務器或雲端計算資源上，可以平衡負載，提高系統的擴展性和穩定性。此外，優化演算法和程式碼也是提升性能的關鍵。開發者應該關注程式碼的效率，減少不必要的計算，並使用高效的數據結構和演算法。合理配置資源，確保 CPU、內存和網路帶寬等資源的充足，也是性能優化的重要方面。

綜上所述，整合應用的挑戰雖然複雜，但通過採取適當的解決方案，可以有效地克服這些困難。技術相容性問題可以通過採用開放標準和開發中間件來解決；數據處理與格式轉換問題可以通過建立統一的數據標準和使用轉換工具來應對；性能優化則需要採用分布式架構、優化演算法和合理配置資源。只有全面考慮並解決這些挑戰，才能充分發揮 AIGC 整合應用的優勢，實現更高的效率和創新能力。

4-4.5 倫理與法規考量

在 AIGC 整合應用中，**隱私保護**成為一個重要的議題。由於涉及大量用戶數據，如果不採取適當的措施，可能會導致隱私洩露的風險。為了減少這種風險，需要採用數據匿名化技術，將個人身分資訊與數據分離。此外，必須遵守相關法規，建立完善的隱私政策和數據管理制度，確保數據的合規管理。

版權問題也是一項不容忽視的挑戰。AIGC 生成內容的版權歸屬尚未明確，可能引發版權爭議。為了避免這種情況的發生，創作者應該了解並遵守使用條款，明確內容的版權歸屬。在創作重要的作品時，進行版權註冊是保護自身權益的有效方式。

此外，**道德偏見**問題也值得關注。AIGC 技術可能繼承數據中的偏見，導致生成不公平或歧視性的內容。為了減少這種影響，需要對數據進行審查，清理資料集中的偏見資訊。在演算法開發中，採用公平性約束和偏見校正技術，可以有效地降低模型的偏見。

4-4.6 未來發展趨勢

AIGC 正朝著**強人工智慧的發展**方向邁進。未來的系統將具備更強的理解和創造能力，能夠在不同領域中靈活應用，處理更複雜的任務，滿足多樣化的需求。這種通用性將使 AIGC 技術不再局限於特定的應用場景，而是能夠全方位地支援人類的工作和生活。

同時，AIGC 的進步將促進人機協作的新模式。人工智慧將不再僅僅是工具，而是成為創作過程中的夥伴。人類的創造力與 AI 的效率結合，將產生更多創新的成果。這種協作關係將提升工作效率，解放人類從重複性任務中，專注於更具創意和價值的工作。

此外，未來的 AIGC 應用將更加注重**全球化與本地化的平衡**。為了滿足不同地區和文化的需求，AIGC 系統需要具備本地化的特性，提供更貼近用戶的服務。例如，支持多語言輸入和輸出、理解文化差異等。同時，全球化的視野將促進 AIGC 技術在全球範圍內的普及和應用，推動跨文化的交流與合作。

> **小結**
>
> AIGC 的整合應用為各行各業帶來了巨大的機遇和挑戰。透過將文字、圖像、音訊、影片以及程式設計和數據分析等多種技術有機結合，創造出更加豐富和有價值的應用場景。同時，我們也需要正視整合過程中面臨的技術、倫理和法規挑戰，採取積極的對策，確保 AIGC 技術的健康發展。
>
> 未來，隨著 AIGC 技術的不斷進步和普及，我們可以期待更多創新和突破的出現。只有積極探索和實踐，才能在這場技術革命中抓住機遇，開創更加美好的未來。

Chapter 4 課後習題

單選題

(　　) 1. 以下哪個 AI 工具專為程式碼生成設計，能根據開發者在編輯器中的當前上下文提供程式碼建議？
(A) DataRobot　(B) ChatGPT　(C) H2O.ai　(D) GitHub Copilot。

(　　) 2. 哪個 AI 工具利用自然語言處理和機器學習技術，根據開發者的自然語言描述生成程式碼？
(A) TabNine　(B) Microsoft Azure Machine Learning Studio
(C) ChatGPT　(D) Kite。

(　　) 3. 哪個 AI 工具提供即時的程式碼建議和錯誤提示，支持 Python、JavaScript 等語言？
(A) TabNine　(B) H2O.ai　(C) GitHub Copilot　(D) Kite。

(　　) 4. 以下哪一項是當前程式碼生成 AI 工具的限制？
(A) 對複雜程式碼依賴關係的理解有限　(B) 無法與編輯器整合
(C) 不提供任何程式碼建議　(D) 無法生成任何高級語言的程式碼。

(　　) 5. 使用 AI 程式碼生成工具時，哪一項是倫理上的考量？
(A) 僅專家開發者可使用　(B) 工具價格過高　(C) 不支持主流編程語言　(D) 可能無意中複製受版權保護的程式碼片段，導致法律糾紛。

(　　) 6. 未來，AI 程式碼生成工具預計將：
(A) 具備更強的上下文理解能力，生成更高質量的程式碼　(B) 完全取代所有人類開發者　(C) 因缺乏興趣而被淘汰　(D) 僅支持一種編程語言。

(　　) 7. AI 程式碼生成工具對開發者的影響是：
(A) 開發者將被 AI 完全取代　(B) 開發者只能使用組合語言編程
(C) 開發者將從傳統編碼轉向更高階的設計與決策　(D) 開發者無需學習任何編程語言。

(　　) 8. 以下哪一項是 AI 程式碼生成工具面臨的挑戰？
(A) 無法生成程式碼註解　(B) 工具過於完美，從不出錯　(C) 可能在生成程式碼時引入隱藏的錯誤或安全漏洞　(D) 僅能在離線環境使用。

(　　) 9. 使用 AI 程式碼生成工具時，開發者需要：
(A) 只用於編寫文檔　(B) 停止學習任何新技能　(C) 完全忽視 AI 工具的建議　(D) 學會有效地與 AI 工具互動，理解其局限性。

(　　) 10. 以下哪一項是 AI 輔助程式碼重構的例子？
(A) 使用 AI 工具建議更好的變數命名和函式拆分，提升代碼可讀性
(B) AI 工具可自動將代碼轉換為任何編程語言　(C) AI 工具生成完全無錯誤的代碼　(D) AI 工具只能生成程式碼註解。

(　　) 11. 哪一項描述了未來 AI 工具在代碼審查方面的能力？
(A) 當前 AI 工具無法進行代碼審查　(B) AI 工具無法分析程式碼
(C) AI 工具只能生成新代碼，不能審查現有代碼　(D) 能夠自動進行代碼審查，發現問題並提供修復建議。

(　　) 12. 在使用 AI 工具進行程式碼生成時，哪一項是可能的限制？
(A) 模型可能無法處理複雜的依賴關係，生成不符合預期的代碼
(B) AI 工具沒有任何限制　(C) AI 模型可完美處理所有複雜結構
(D) AI 工具只能生成文檔，不能生成代碼。

(　　) 13. 以下哪一項是 AI 輔助文檔生成的例子？
(A) AI 模型無法生成文檔　(B) AI 模型僅能生成程式碼，不能生成註解
(C) AI 工具無法協助文檔相關工作　(D) AI 模型根據程式碼自動生成註解和文檔。

(　　) 14. 在安全和隱私方面，未來的 AI 工具預計將：
(A) 忽略安全和隱私考量　(B) 將用戶代碼公開　(C) 比當前工具更不安全　(D) 引入安全檢查機制，避免生成含有漏洞的代碼。

(　　) 15. AI 工具與開發環境深度整合的好處是：
(A) 提供即時的程式碼建議、錯誤檢測，形成一體化的開發體驗
(B) 使開發環境更複雜　(C) 僅支持少數編程語言　(D) 降低效率，增加工具切換時間。

(　　) 16. AI 工具在錯誤檢測和除錯方面能夠：
(A) 引入新的錯誤　(B) 僅能生成程式碼，不能分析　(C) 無法協助錯誤檢測　(D) 協助識別程式碼中的問題，並提供修復建議。

(　) 17. 關於 TabNine 的正確描述是：
(A) TabNine 是一個程式碼編輯器　(B) TabNine 僅支持 Python
(C) TabNine 是支持超過 20 種編程語言的程式碼補全工具，提供個性化建議　(D) TabNine 是雲端數據分析平台。

(　) 18. 以下哪個 AI 平台以自動化機器學習能力著稱，幫助加速數據科學項目？
(A) TabNine　(B) ChatGPT　(C) GitHub Copilot　(D) DataRobot。

(　) 19. 哪個 AI 工具是一個開源的機器學習平台，提供自動化機器學習和深度學習工具？
(A) H2O.ai　(B) GitHub Copilot　(C) Microsoft Azure Machine Learning Studio　(D) Kite。

(　) 20. 使用基於雲端的機器學習工具可能面臨哪些倫理挑戰？
(A) 缺乏足夠的模板　(B) 數據隱私風險　(C) 模型構建過程中的設計困難　(D) 計算資源不足。

(　) 21. 哪個 AI 工具集允許開發者輕鬆訓練高質量模型，支持多種數據類型，如圖像、文本、視頻和表格數據？
(A) Google Cloud AutoML　　(B) H2O.ai
(C) GitHub Copilot　　(D) TabNine。

(　) 22. 在 AI 輔助數據分析中，哪一項是面臨的挑戰？
(A) 資料隱私與安全問題　　(B) 工具過於廉價，不可信任
(C) AI 工具完全沒有偏見　　(D) AI 工具無法處理任何數據。

(　) 23. AI 輔助數據分析工具的優勢包括：
(A) 僅專業數據科學家才能操作　(B) 只能處理小型資料集　(C) 降低數據分析門檻，提升效率　(D) 無法提供模型解釋性。

(　) 24. 在 AI 輔助數據分析中，未來的發展方向是：
(A) 降低模型的解釋性　(B) 僅關注圖像數據，忽略其他數據類型
(C) 強化人機協作，實現更高效的數據分析　(D) 完全消除人類干預。

(　) 25. 在 AI 輔助數據分析中，AI 工具可協助完成哪些任務？
(A) 資料預處理，例如處理缺失值、正規化　(B) 無法協助任何數據分析任務　(C) 僅能進行數據視覺化　(D) 僅能生成程式碼。

(　) 26. 像 DataRobot 和 H2O.ai 這樣的 AI 輔助數據分析工具的優勢是：
(A) 只能處理小型資料集　(B) 不支持模型部署　(C) 需要深厚的機器學習專業知識才能操作　(D) 自動化機器學習流程，讓用戶快速構建、訓練和部署模型。

(　) 27. 在 AI 輔助數據分析工具中，關於模型偏見的挑戰是：
(A) 模型可能繼承數據中的偏見，導致不公平的決策　(B) 可以忽略數據分析中的偏見　(C) 模型完全沒有偏見　(D) 模型可自動消除所有偏見。

(　) 28. 整合不同的 AIGC 工具時，以下哪一項是面臨的挑戰？
(A) 不同工具和平台之間的技術相容性問題　(B) 整合只能手動完成　(C) 整合過程沒有任何挑戰　(D) 所有 AIGC 工具完全相容。

(　) 29. 使用 AI 工具時，以下哪一項是倫理和法律考量？
(A) AI 工具無法生成任何內容　(B) AI 工具不受任何法律約束　(C) AI 工具從不出錯，沒有法律問題　(D) 可能無意中複製受版權保護的內容，導致法律糾紛。

(　) 30. 在 AIGC 整合應用的未來發展趨勢中，以下哪一項是正確的？
(A) 向具備更強理解和創造能力的強人工智慧發展　(B) 降低 AI 模型的智能水平　(C) 將 AI 限制在特定應用中　(D) 僅關注文本應用。

Chapter 5

AIGC 幫你講故事

5-1　認識 HTML 與網頁結構

5-2　建立第一個自己的網頁

5-3　用 AIGC 生成故事與插圖

5-4　製作線上閱讀有聲書

在這個數位創作的時代，人工智慧生成內容為我們的創意之旅帶來了前所未有的可能性。第 5 章將帶您深入探索如何運用 AIGC 工具，從無到有地創作屬於自己的繪本。無論您是故事愛好者、插畫愛好者，還是希望為孩子們製作專屬的故事書，本章都將為您提供完整的指引與實踐機會。

我們將從 5-1 節開始，認識 HTML 與網頁結構，為後續的網頁製作奠定堅實的基礎。接著，在 5-2 節，您將學習如何建立第一個自己的網頁，掌握基本的網頁開發技巧和流程。在 5-3 節，我們將示範如何利用 AIGC 工具，如 ChatGPT 和 AI 圖像生成器，創作一個 10 頁的繪本，包括生動有趣的故事文字和富有想像力的插圖。最後，在 5-4 節，我們將把所有的創作成果結合起來，製作一個線上閱讀的精美網頁，讓您的故事得以在數位平台上與更多人分享。本章內容融合了創意與技術，不僅讓您體驗到 AIGC 工具在內容創作中的強大功能，也讓您掌握將這些創作以網頁形式呈現的實用技能。即使您沒有任何程式設計的背景，我們也將以簡單易懂的方式，帶您一步步完成整個過程。讓我們一起開啟這場充滿創意與探索的旅程，見證人工智慧如何助力個人創作，為您的想像力插上翅膀。

5-1 認識 HTML 與網頁結構

1. **讓 AI 為你工作**

    網頁的功能各式各樣，HTML、CSS 和 JavaScript 是組成網頁的三大基石。然而，我們的目標並不是讓您深入學習這些技術，而是讓您了解它們與網頁的關係，並掌握如何向 AI 下達指令，讓 AI 為您完成網頁開發的工作。

    這一節的重點不在於手寫程式碼，而是學習如何使用 ChatGPT 等 AI 工具，快速生成網頁骨架和功能，習慣成為 AI 的「上位者」，有效利用它的能力來實現您的目標。

5-1.1 網頁與 HTML、CSS、JavaScript 的關係

網頁是一種強大的數位媒介，能夠滿足多樣化的需求。它既可以用來展示靜態資訊，如文章、圖片和影音內容，也可以提供互動功能，例如透過表單提交資料或點擊按鈕觸發動作。此外，網頁還能用於數據可視化，透過動態圖表和報表呈現複雜資訊，甚至實現即時溝通，如聊天室和留言板。這些功能使網頁成為現代生活中不可或缺的工具，無論是資訊傳遞還是應用程序運行，都能展現出其靈活性與高效性。

實現這些功能的基礎在於三大技術：

- HTML：定義網頁的內容與結構，例如段落、圖片、連結等。
- CSS：控制網頁的外觀，例如顏色、字型、布局等。
- JavaScript：讓網頁具有互動性，例如點擊按鈕後執行動作。

這三者的關係就像建造房屋：

- HTML 是房屋的地基與框架。
- CSS 是裝潢與設計。
- JavaScript 是智慧系統，提供動態功能。

學會如何讓 AI 使用這三者為您工作，將幫助您快速實現自己的想法。

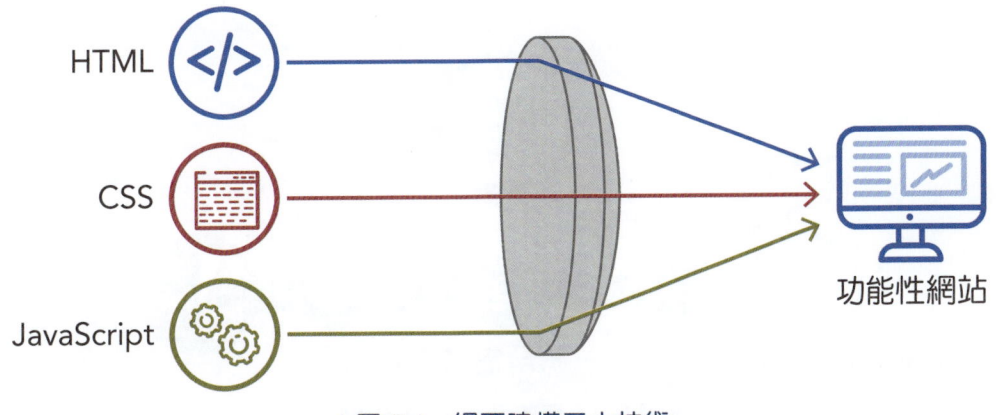

▲圖 5-1　網頁建構三大技術

5-1.2 讓 AI 為你生成網頁

學會與 AI 合作，關鍵在於提出**明確且具體的需求**。以下是幾個有效利用 ChatGPT 的心法：

1. 清楚描述目標

   明確告訴 AI 您想要的網頁效果和功能，例如：

   - 「我需要一個包含標題、段落和圖片的簡單網頁。」
   - 「請幫我設計一個帶有按鈕的互動頁面，按下後顯示歡迎訊息。」

2. 拆解需求成小任務

   將需求分解為小步驟，逐步讓 AI 完成。例如：

   - 第一步：生成 HTML 的基礎結構。
   - 第二步：添加 CSS 樣式。
   - 第三步：加入 JavaScript 互動功能。

3. 檢查與優化 AI 的回應

   AI 生成的內容可能需要調整或微調，因此您需要具備基礎的檢查能力，確保結果符合需求。

   您可以請 AI 解釋它的程式碼邏輯，確保自己了解每個部分的功能。

▲圖 5-2　有效利用 AI 生成網頁

5-1.3 實踐：與 ChatGPT 合作創建網頁

以下是與 ChatGPT 合作生成網頁的範例流程：

範例 1：建立網頁骨架

「請生成一個簡單的 HTML 文件，包含標題「我的第一個網頁」和段落「這是我的第一個網頁內容」。」

ChatGPT 回應：

```html
<!DOCTYPE html>
<html lang="zh-CN">
<head>
    <meta charset="UTF-8">
    <title> 我的第一個網頁 </title>
</head>
<body>
    <h1> 我的第一個網頁 </h1>
    <p> 這是我的第一個網頁內容。</p>
</body>
</html>
```

範例 2：添加樣式

「請幫我添加 CSS，使背景顏色為淡藍色，字體為無襯線字型。」

ChatGPT 回應：

```html
<style>
    body {
        background-color: #e0f7fa;
        font-family: Arial, sans-serif;
    }
</style>
```

範例 3：增加互動功能

「請幫我加入 JavaScript，實現按鈕點擊後顯示提示框。」

ChatGPT 回應：

```
<button onclick="alert(' 歡迎來到我的網頁！')"> 點擊我 </button>
```

以下是整合上述三個範例的完整 HTML 文件：

```
<!DOCTYPE html>
<html lang="zh-CN">
<head>
    <meta charset="UTF-8">
    <title> 我的第一個網頁 </title>
    <style>
    body {
        background-color: #e0f7fa;
        font-family: Arial, sans-serif;
    }
    </style>
</head>
<body>
    <h1> 我的第一個網頁 </h1>
    <p> 這是我的第一個網頁內容。</p>
    <button onclick="alert(' 歡迎來到我的網頁！')"> 點擊我 </button>
</body>
</html>
```

5-1.4 轉變思維：成為 AI 的上位者

成功利用 AI 的關鍵是轉變思維，從執行者變為指揮者。以下是幾個實用技巧：

- **勇於嘗試**：不確定如何實現某個功能時，直接詢問 AI，「如何讓按鈕改變背景顏色？」
- **反覆調整**：如果 AI 的回應不完全符合需求，可以要求它「簡化程式碼」或「改用另一種方式實現」。
- **學會驗收**：生成的結果中，確保每個部分都符合您的預期，並在需要時讓 AI 做出改進。

▲圖 5-3　有效利用 AI 的思維轉變

在下一小節中，我們將指導您如何將這些程式碼保存為 HTML 文件，並在瀏覽器中打開，讓這個網頁真實呈現出來。這是將 AI 生成的內容轉化為可見成果的重要一步，幫助您真正感受到利用 AI 開發網頁的便利與成就感！

5-2 建立第一個自己的網頁

在本節中，我們將運用 ChatGPT 的協助，親手建立並發布屬於自己的第一個網頁。過程中，我們將直接使用免費的 Neocities 平台來上傳和展示內容，並在 5-1 節的基礎上，加入簡單的 TTS 功能，讓您的網頁能夠「開口說話」。這是一個有趣且實用的小挑戰，讓您快速掌握網頁製作的基本概念並產生實際成果。

5-2.1 簡單三步驟：建立並發布網頁

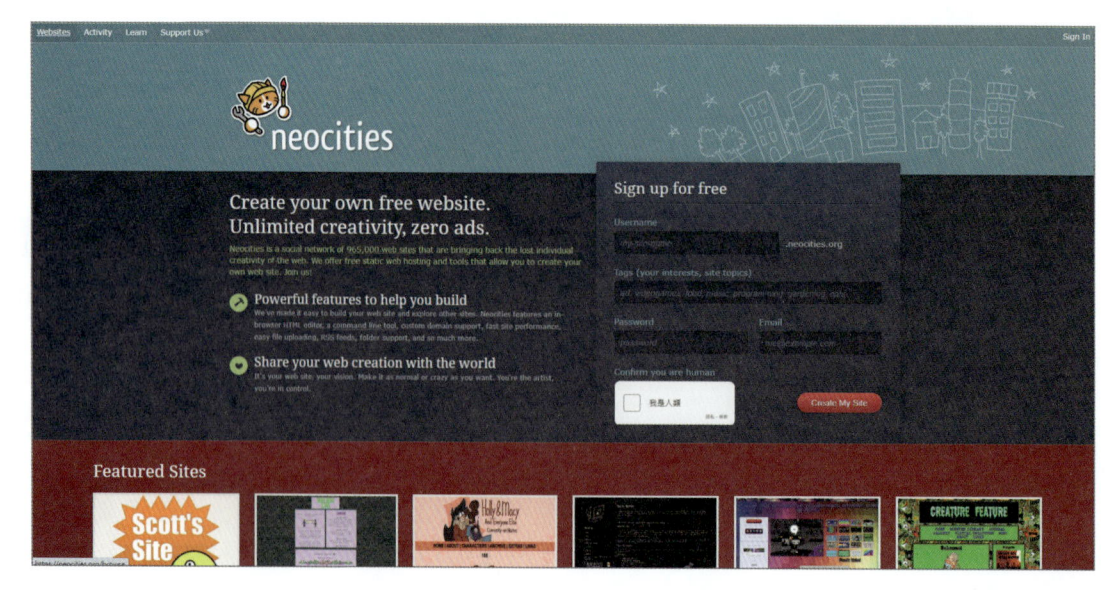

Step 1：註冊 Neocities 帳號

1. 訪問 Neocities 官網：https://neocities.org/
2. 創建帳號：
   - 輸入網站名稱、電子郵件地址與密碼，完成註冊。
   - 網站名稱將成為您的網址的一部分，例如 https://yourname.neocities.org/。

▲圖 5-4　註冊 Neocities 帳號

3. 驗證電子郵件：查收驗證郵件並完成驗證。

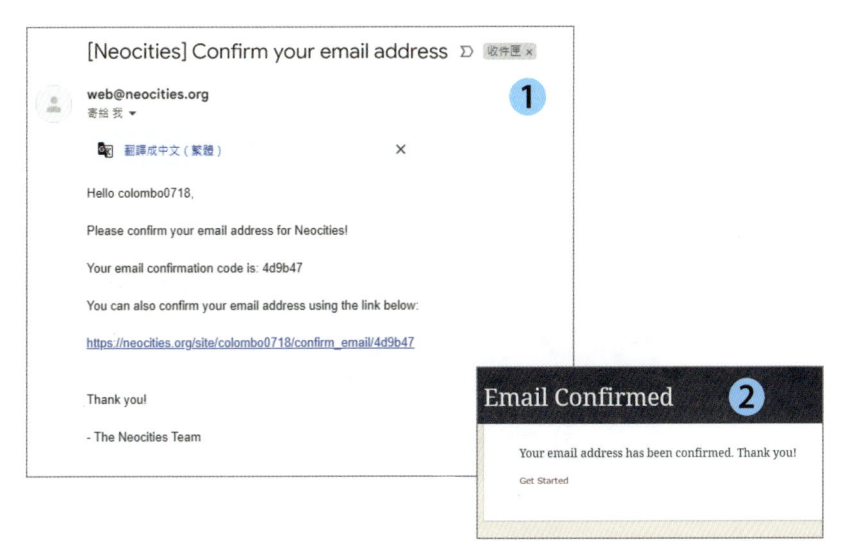

▲圖 5-5　驗證電子郵件

Step 2：創建並上傳網頁檔案

1. 登入 Neocities 平台

　　使用您的帳號和密碼登入 Neocities，進入您的網站控制台（Dashboard）。

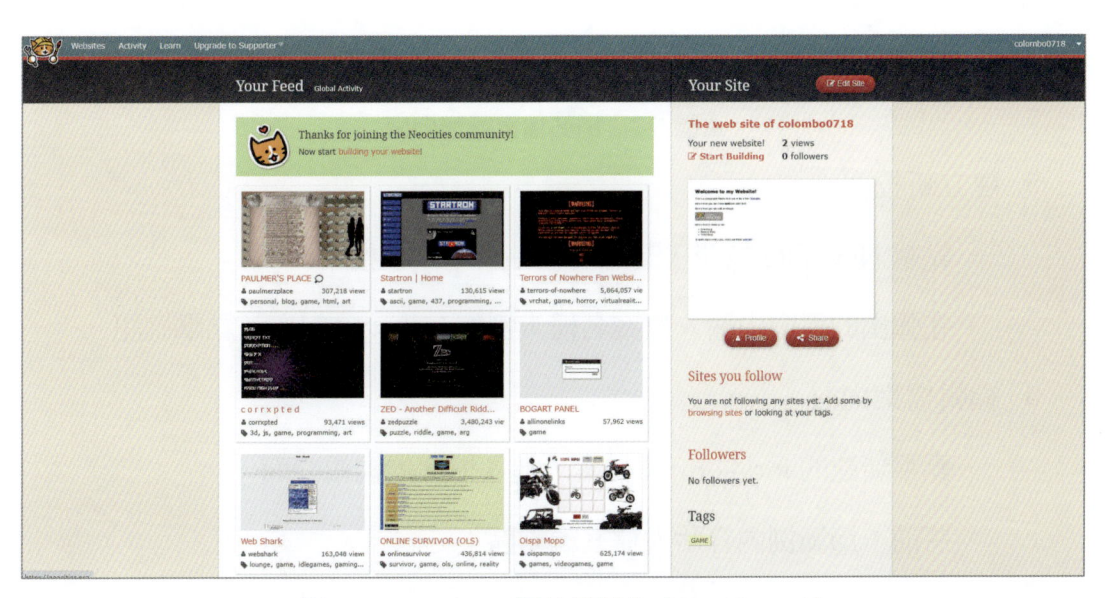

▲圖 5-6　Neocities 網站控制台（Dashboard）

2. 進入編輯介面

    - 在 Dashboard 中,點擊 Edit Site,進入您的網站檔案管理介面。

    - 您將看到一個檔案列表或空白的檔案區域,這裡是您的網站伺服器檔案所在的位置。

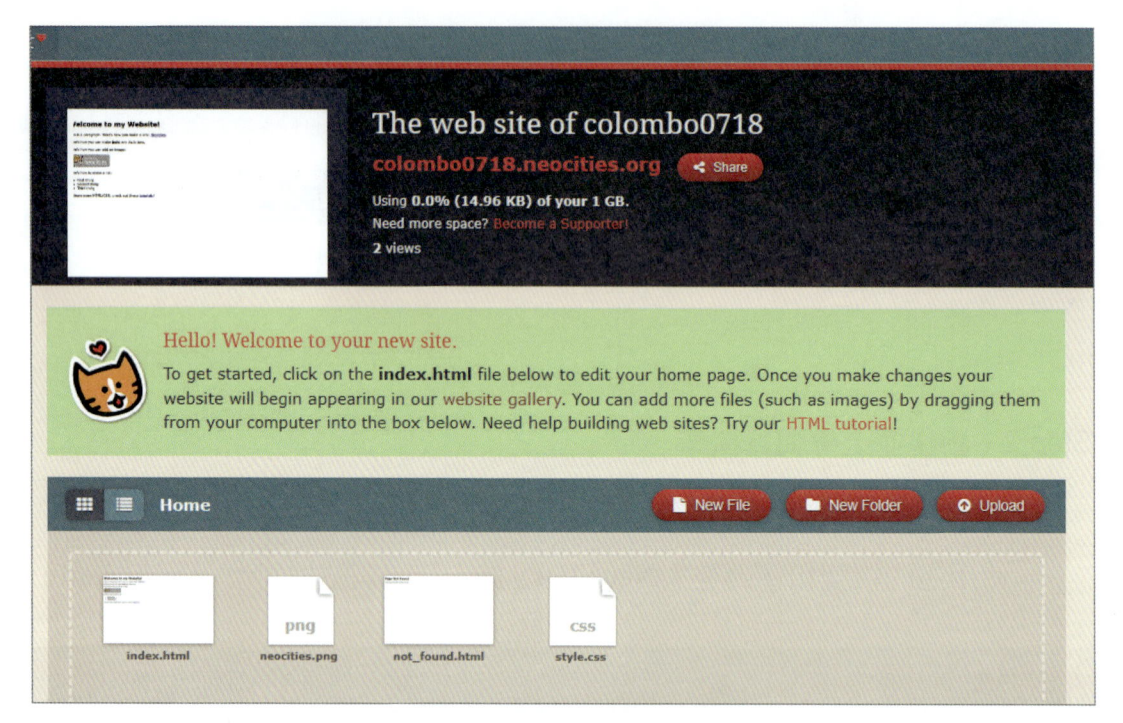

▲圖 5-7　網站檔案管理介面

3. 建立新檔案

    - 點擊 New File 按鈕,為您的網站新增一個檔案。

    - 在彈出的視窗中輸入檔案名稱,例如 index.html,並點擊確認。

4. 編輯檔案內容

    - 點擊新建的 index.html 檔案,進入檔案的編輯介面。

    - 將前一節範例內容貼入檔案編輯區:

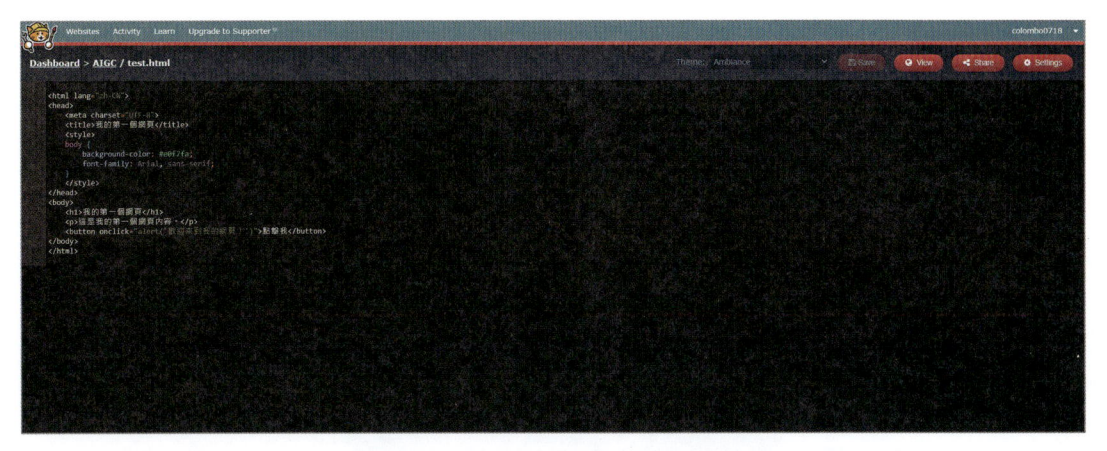

▲圖 5-8　範例內容貼入檔案編輯區

5. 保存檔案

・點擊編輯介面右上角的 Save 按鈕，保存您的檔案。

Step 3：查看網頁

1. 訪問您的網址：點擊編輯介面右上角的 View 按鈕

2. 測試功能：點擊按鈕，確認網頁能彈出訊息。

▲圖 5-9　測試網頁

5-2.2 讓網頁說話

1. 什麼是 TTS？

TTS 即「文字轉語音」，是一種將文字內容轉換為語音輸出的技術。通過 TTS，電腦或設備可以模擬人聲朗讀文字，常見應用包括：

・語音導航（如 GPS）

・聽書軟件

・智慧助理（如 Siri、Google Assistant）

TTS 技術使用廣泛，且現代瀏覽器內置了相關 API（如 SpeechSynthesis API），讓開發者能夠輕鬆實現文字轉語音功能。

我們將示範如何向 ChatGPT 提出需求，讓它為我們生成一個簡單的 TTS 測試網頁。

> **使用者提問：**
>
> 「請幫我生成一個 TTS 範例網頁，有輸入框能寫想唸的文字，點擊按鈕後朗讀輸入的文字。」
>
> ChatGPT 回答：
>
> ```html
> <!DOCTYPE html>
> <html lang="zh-TW">
> <head>
>     <meta charset="UTF-8">
>     <title>TTS 範例網頁</title>
>     <style>
>         body {
>             text-align: center;
>             font-family: Arial, sans-serif;
>             margin-top: 50px;
>         }
>         input {
>             padding: 10px;
>             font-size: 16px;
>             width: 300px;
>             margin-top: 20px;
>         }
>         button {
>             padding: 10px 20px;
>             font-size: 16px;
>             margin-top: 20px;
>             cursor: pointer;
>             background-color: #00796b;
>             color: white;
>             border: none;
>             border-radius: 5px;
>         }
>     </style>
> </head>
> ```
> ↓

> **使用者提問：**
>
> **ChatGPT 回答：（續）**
>
> ```html
> <body>
>     <h1>TTS 範例網頁</h1>
>     <p>請在輸入框中輸入想朗讀的文字，然後點擊按鈕。</p>
>     <input type="text" id="textInput" placeholder="請輸入文字">
>     <br>
>     <button onclick="speakInput()">朗讀文字</button>
>     <script>
>         function speakInput() {
>             const text = document.getElementById('textInput').value;
>             if (text.trim() === "") {
>                 alert("請先輸入文字！");
>                 return;
>             }
>             const utterance = new SpeechSynthesisUtterance(text);
>             utterance.lang = "zh-TW"; // 設定語言為台式中文
>             speechSynthesis.speak(utterance);
>         }
>     </script>
> </body>
> </html>
> ```

你可以試著向 ChatGPT 提問，並 Neocities 新建一個檔案 tryTTS.html，並將他回覆的程式貼上，按下 Save 儲存在按下 View 檢視網頁。

在輸入框內輸入中文內容，然後按下朗讀文字，就會將其中的內容唸出來了喔，為了更了解 TTS 的進階功能，我又請 ChatGPT 幫我做一個能 TTS 調整參數的網頁。

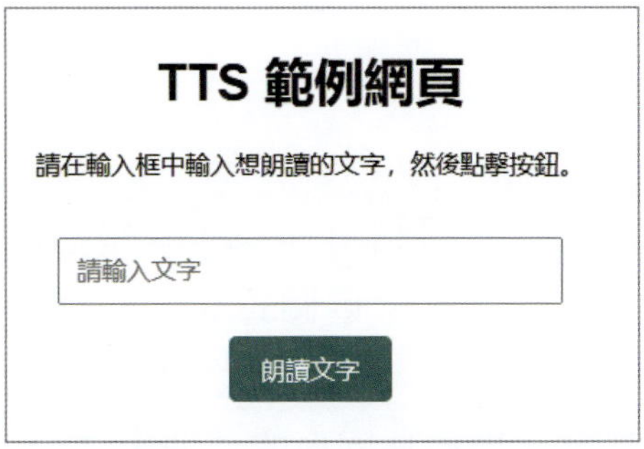

▲圖 5-10　TTS 範例網頁

2. 進階 TTS 範例

可利用以下網址，檢視進階 TTS 網站範例：

▲圖 5-11　https://colombo0718.neocities.org/AIGC/advanceTTS

▲圖 5-12　進階 TTS 網站範例

在這個進階範例中，除了設定文字內容外，還能夠調整音量、語速、音調等等參數，甚至語言也有很多選擇，讀者可以進入該網頁玩玩看。

> **小結**
>
> 在本節中，您學會了如何利用 Neocities 平台創建並發布網頁，並使用 ChatGPT 輕鬆實現 TTS 功能。這個會說話的網頁，已經是未來有聲繪本的基礎。
>
> 下一節，我們將進一步提升網頁的功能，結合 AIGC 工具生成故事內容與插圖，並將這些素材整合到網頁中，創建一個簡單的線上閱讀平台！

5-3 用 AIGC 生成故事與插圖

在本節中，我們將示範如何利用 AIGC 工具，如 ChatGPT 和 AI 圖像生成器，創作一個 10 頁的繪本的圖文內容。透過詳細的步驟，我們將帶領您學習如何與 ChatGPT 互動，生成生動有趣的故事文字；同時，我們也會探索如何使用 AI 圖像生成器，為您的故事添加富有想像力的插圖。透過示範三頁的實際創作過程，您將能夠親身體驗 AIGC 工具在繪本創作中的強大功能，並學會如何將這些工具應用於自己的創作中。無論您是對故事寫作感興趣，還是希望為孩子們創作專屬的繪本，本節內容都將為您提供寶貴的指引和靈感。

5-3.1 方向討論

> **用戶提問：**
>
> 我想製作一份繪本，你有什麼想法嗎？
>
> **ChatGPT：**
>
> 製作繪本是一個非常有趣且富有創意的過程！以下是一些可能的想法，根據你是否有特定的目標讀者、主題或故事元素：
>
> 1. 故事主題
>
>   冒險與探索：例如，一隻小貓或小狗在一天的冒險中遇到各種挑戰，這些挑戰可以是自然環境的探索、與其他動物的互動，或者是學習新事物。
>
>   友誼與合作：兩個性格迥異的角色（例如，一隻勇敢的狐狸和一隻膽小的兔子）通過合作克服困難，最終成為好朋友。
>
>   成長與學習：例如，主角從小朋友長大，學會如何面對恐懼，如何與他人相處，或者如何解決問題。
>
> 2. 視覺風格
>
>   簡約風格：使用明亮而簡單的顏色，形狀簡單且易於理解，適合年幼的孩子。
>
>   自然元素：插入自然界的動植物，這不僅吸引孩子的注意力，還能幫助他們了解自然環境。
>
>   手繪風格：用手繪風格來表現角色和背景，可以賦予故事溫暖的感覺，尤其適合家庭和親子閱讀。

> **用戶提問：（續）**
>
> 3. 互動元素
>
>   觸感或視覺互動：在繪本中加入可移動的元素或觸感區域，例如：翻開頁面後會有小小驚喜，或是增添觸摸感覺的材料（如布、泡棉、光澤塗層等）。
>
>   問題與答案：讓孩子們在每頁讀到故事的同時，猜測下一步會發生什麼，激發他們的想像力和參與感。
>
> 4. 教育性
>
>   情感教育：故事可以幫助孩子學會辨識和表達情感，例如：如何處理憤怒、恐懼、快樂等情緒，並學習如何與朋友和家人相處。
>
>   數學或科學概念：將簡單的數學、形狀識別或科學原理融入故事中，使孩子在娛樂中學到新知識。
>
> 5. 故事結構
>
>   簡單直白的情節：為了讓小朋友易於理解，可以選擇簡單且有規律的情節結構，例如每天發生的故事、循環的行為或連貫的問題解決過程。
>
>   開放性結局：故事可以以開放性結局結束，讓孩子們可以在不同版本的故事中自由發揮，或者引導他們自己提出結局。
>
>   你有沒有想要傳達的特定訊息或風格，或者你已經有一些具體的想法？我可以幫助你進一步發展！

5-3.2 生成文字

> **用戶提問：**
>
> 我想要友誼與合作主題，能夠有問答互動，富有情感教育意義、開放式結局引發讀者自由發想的，讀者設定在小學中年級學生，幫我產出 10 頁的文字內容，以及每一頁對應的插圖描述
>
> **ChatGPT：**
>
> 這是一個以友誼與合作為主題，富有情感教育意義並具有問答互動的繪本概念。故事會以簡單易懂的語言和情感共鳴的方式呈現，讓學生不僅能在閱讀中學到合作，也能自由地發揮想像力。以下是 10 頁的文字內容和對應插圖描述：

用戶提問：（續）

第 1 頁
文字：在一片綠意盎然的森林裡，兩隻動物住在一棵大樹下。小兔子兔兔和小松鼠松松是最好的朋友，總是一起玩耍、一起分享。他們常常在一起討論未來的冒險。
插圖描述：一棵大樹在森林中，小兔子兔兔和小松鼠松松坐在樹下，彼此微笑，手中各自拿著一些胡蘿蔔和堅果。他們周圍環繞著開滿花的草地，陽光透過樹葉灑在他們身上。

第 2 頁
文字：一天，兔兔和松松發現了一條小河。河流湍急，看起來無法跨越。兔兔說：「我們該怎麼辦呢？」
插圖描述：小兔子兔兔和小松鼠松松站在河邊，望著湍急的水流。兩隻動物看上去有些猶豫，背後是大樹和一些小草叢，顯示出他們面臨的挑戰。

第 3 頁
文字：松松摸了摸下巴，然後說：「也許我們可以一起想辦法，找到一個過河的方法。」兔兔點點頭，露出微笑，說：「讓我們試試看！」
插圖描述：松松和兔兔並排站著，彼此對望，臉上都帶著決心和微笑。背景是他們站立的小河和滿天的藍天。

第 4 頁
文字：「如果我們合作，也許我們能建一座橋。」兔兔提議。松松聽了後，興奮地說：「對！我們可以收集木材和藤蔓，搭建一座小橋。」
插圖描述：兔兔和松松在森林裡忙碌地收集木材和藤蔓。兔兔抓著一根粗木棍，松松則拉著一根藤蔓。他們合作得很愉快，背景是一片開滿野花的草地。

第 5 頁
文字：他們開始建造橋樑，但途中發現木材太重了，兩隻動物都搬不動。兔兔感到有些沮喪，「如果只有我們兩個，也許建不成這座橋。」
插圖描述：兔兔和松松站在一堆木材旁，嘗試搬起重木材，但他們顯得有些力不從心。背景是森林的另一端，顯示他們的努力還沒成功。

用戶提問：（續）

第 6 頁
文字：就在這時，一隻小鳥飛過來，停在他們的肩膀上。「需要幫忙嗎？」小鳥問道。「如果我們一起來，應該可以做到。」兔兔看著松松，微笑著說：「讓我們一起請朋友們幫忙吧！」
插圖描述：小鳥停在兔兔和松松的肩膀上，三個朋友看起來充滿希望。背景是豐富的森林，四周有其他動物在注視他們。

第 7 頁
文字：他們一起請來了大象、大猩猩和刺蝟。大家齊心協力地搬運木材、繫上藤蔓，漸漸地，一座堅固的橋開始成形了。
插圖描述：大象、大猩猩、刺蝟、兔兔、松松和小鳥都在一起，齊心協力地建設橋樑。每個動物都在忙碌地工作，場面充滿活力，大家的臉上都洋溢著微笑。

第 8 頁
文字：終於，他們完成了這座橋！大家開心地跳了起來，為自己的努力喝彩。兔兔說：「我們一起合作，真的可以做成很多事！」
插圖描述：橋樑已經建好，所有的動物們圍在橋旁開心地慶祝。兔兔和松松高興地跳起來，其他動物也笑著鼓掌。陽光灑下，樹影斑駁，整個場面充滿了正能量。

第 9 頁
文字：當兔兔和松松跨過橋，來到對岸時，兔兔突然問：「如果我們當初沒問其他朋友幫忙，會怎樣呢？」松松想了想，回答：「我們可能會自己放棄，但大家的合作讓這一切變得可能。」
插圖描述：兔兔和松松站在橋上，彼此望著對岸，思考著剛才的問題。其他動物在背後高興地追隨。場景顯得充滿反思的氛圍。

第 10 頁
文字：故事結束了，但你覺得呢？如果你是兔兔或松松，當遇到困難時，你會怎麼做呢？會請別人幫忙嗎？還是自己先嘗試？
插圖描述：最後一頁是開放式的，畫面顯示兔兔和松松坐在草地上，兩者面前有一些空白的對話框。這一頁讓孩子們思考，畫面背景為美麗的森林，鼓勵他們發揮創意並回答問題。

這個故事不僅強調了合作的重要性，也鼓勵孩子們思考如何面對困難，並學會向他人尋求幫助。開放式結局為讀者提供了發揮想像力的空間，讓他們能夠思考如果自己處在故事中的情境會如何行動。

5-3.3 生成插圖

生成圖片的 AIGC 通常一次只能生成一個場景的圖片，所以 10 頁的插圖只能一頁一頁請 DALL‧E 逐個生成。

用戶提問：

第 1 頁

一棵大樹在森林中，小兔子兔兔和小松鼠松松坐在樹下，彼此微笑，手中各自拿著一些胡蘿蔔和堅果。他們周圍環繞著開滿花的草地，陽光透過樹葉灑在他們身上。

幫我按此描述生成手繪風格的繪本插圖。

DALL‧E：

這裡是根據您的描述生成的手繪風格的繪本插圖，展現了兔兔和松松在樹下的溫馨場景，希望符合您的期望！如果需要調整或修改，請隨時告訴我！

用戶提問：

第2頁
小兔子兔兔和小松鼠松松站在河邊，望著湍急的水流。兩隻動物看上去有些猶豫，背後是大樹和一些小草叢，顯示出他們面臨的挑戰。
幫我按此描述生成手繪風格的繪本插圖。

DALL・E：

第3頁
松松和兔兔並排站著，彼此對望，臉上都帶著決心和微笑。背景是他們站立的小河和滿天的藍天。
幫我按此描述生成手繪風格的繪本插圖。

DALL・E：

後續的插圖也是依此方式生成，完成後就能看到下一節，了解如何整理檔案並製作閱讀網頁。

5-4 製作線上閱讀有聲書

在本節中，我們將引領您將之前透過 AIGC 工具創作的 10 頁繪本，轉化為一個線上可供閱讀的精美網頁。我們將詳盡示範如何使用 HTML 和 CSS，從零開始建立一個包含文字與插圖的網頁，並透過簡單的網頁設計技巧，提升閱讀體驗。您將學習如何結合圖文內容，設計出富有吸引力的頁面布局，讓您的故事以數位形式呈現在讀者面前。即使您沒有任何程式設計的背景，我們也會以淺顯易懂的方式，帶您一步步完成網頁的製作。透過本節的學習，您將能夠掌握基本的網頁開發知識，為您的創作開啟更多元的展示平台。

5-4.1 檔案整理

當我們把 10 張圖都請 DALL‧E 生成好了，接下來想放到 neocities 上做成線上閱讀網頁，在這之前還需要將圖片作如下整理：

1. 調整圖片大小與壓縮

    首先，你需要確保圖片的尺寸適合網頁顯示，避免圖片過大影響加載速度。你可以使用 PicResize（https://www.picresize.com）來調整圖片的尺寸。只需將圖片上傳並將寬度設為 800 像素，這樣圖片會根據寬度自動調整高度，保持比例。

    接著，為了減少檔案大小，可以使用 TinyPNG（https://tinypng.com）來壓縮圖片。這個網站會自動壓縮 PNG 和 JPEG 圖片，使檔案變小，同時保持圖片品質。

▲圖 5-13　使用 PicResize 調整圖片的尺寸

2. 選擇合適的圖片格式

接下來，選擇合適的圖片格式。如果圖片有透明背景，使用 PNG 格式；如果是大部分背景或風景圖片，則選擇 JPEG 格式。這兩種格式在網頁上顯示效果良好，且 JPEG 格式能幫助壓縮圖片，減少檔案大小。如果你需要轉換格式，可以使用 Convertio（https://convertio.co/zh/）這類網站，將圖片從一種格式轉換為另一種。

▲圖 5-14　使用 Convertio，進行圖片格式轉換

3. 整理並上傳圖片

整理圖片時，將所有處理過的圖片放入一個資料夾中，方便管理。命名圖片時，可以使用相同的命名規則，如 page1.jpg 或 page2.jpg。這樣能夠更清楚地識別每張圖片的內容。最後，將這些圖片上傳到你的 Neocities 網站。進入 Neocities，點選「Upload Files」，然後將資料夾中的圖片拖放到上傳區域，確保它們成功上傳並能在網頁中顯示。

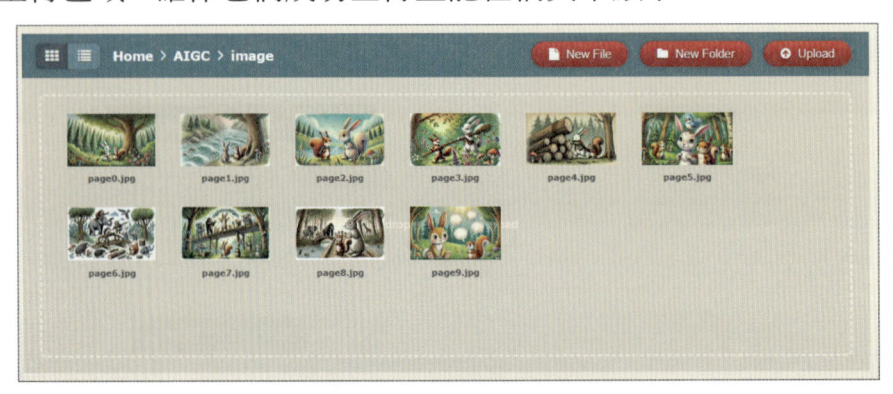

▲圖 5-15　整理並上傳圖片

這些步驟可以幫助你簡化圖片處理過程，讓你的繪本頁面能夠順利顯示並加載速度更快。

5-4.2 製作網頁

> **用戶提問：**
>
> 我已經整理好 10 頁繪本的文字，文字內容如下：
>
> 1. 在一片綠意盎然的森林裡，兩隻動物住在一棵大樹下。小兔子兔兔和小松鼠松松是最好的朋友，總是一起玩耍、一起分享。他們常常在一起討論未來的冒險。
> 2. 一天，兔兔和松松發現了一條小河。河流湍急，看起來無法跨越。兔兔說：「我們該怎麼辦呢？」
> 3. 松松摸了摸下巴，然後說：「也許我們可以一起想辦法，找到一個過河的方法。」兔兔點點頭，露出微笑，說：「讓我們試試看！」
> 4. 「如果我們合作，也許我們能建一座橋。」兔兔提議。松松聽了後，興奮地說：「對！我們可以收集木材和藤蔓，搭建一座小橋。」
> 5. 他們開始建造橋樑，但途中發現木材太重了，兩隻動物都搬不動。兔兔感到有些沮喪，「如果只有我們兩個，也許建不成這座橋。」
> 6. 就在這時，一隻小鳥飛過來，停在他們的肩膀上。「需要幫忙嗎？」小鳥問道。「如果我們一起來，應該可以做到。」兔兔看著松松，微笑著說：「讓我們一起請朋友們幫忙吧！」
> 7. 他們一起請來了大象、大猩猩和刺蝟。大家齊心協力地搬運木材、繫上藤蔓，漸漸地，一座堅固的橋開始成形了。
> 8. 終於，他們完成了這座橋！大家開心地跳了起來，為自己的努力喝彩。兔兔說：「我們一起合作，真的可以做成很多事！」
> 9. 當兔兔和松松跨過橋，來到對岸時，兔兔突然問：「如果我們當初沒問其他朋友幫忙，會怎樣呢？」松松想了想，回答：「我們可能會自己放棄，但大家的合作讓這一切變得可能。」
> 10. 故事結束了，但你覺得呢？如果你是兔兔或松松，當遇到困難時，你會怎麼做呢？會請別人幫忙嗎？還是自己先嘗試？
>
> 圖檔也命名為 page0.jpg ～ page9.jpg，寬度都整理成 800 px，幫我生成線上閱讀網頁。

Chapter 5　AIGC 幫你講故事

> **用戶提問：（續）**
>
> ChatGPT：
> 很高興聽到你已經整理好了繪本的文字和圖片！以下是為你的繪本生成線上閱讀網頁的簡單 HTML 範本。這個範本將每一頁的文字和圖片放置在網頁中，並包含「上一頁」、「下一頁」和「朗讀」的按鈕，方便讀者翻頁以及聽取朗讀內容。
>
> （程式內容省略）
>
> 這樣，你就能夠創建一個簡單的線上閱讀網頁，讓讀者可以方便地翻閱每一頁的內容。如果有任何問題，隨時告訴我！

接著將 ChatGPT 上傳到 neocities 上的檔案中，就能看到精美的有聲繪本了，掃描右側連結可以查看有聲繪本範例網頁。

5-4 製作線上閱讀有聲書

如果想了解範例網頁的完整程式碼，用電腦瀏覽器進入網頁，滑鼠點擊右鍵後選擇檢視網頁原始碼，便能查看 ChatGPT 幫我產出的完整程式碼。

小結

在本章中，我們踏上一段充滿創意與技術結合的旅程，探索了如何利用 AIGC 工具來創作屬於自己的繪本。從 5-1 節了解 HTML 與網頁結構的基礎知識開始，我們為後續的實踐奠定了堅實的基礎。接著在 5-2 節，我們學習了如何建立第一個自己的網頁，掌握了網頁製作的基本技能。

在 5-3 節，我們運用 ChatGPT 和 AI 圖像生成器，成功地生成了 10 頁生動有趣的故事文字和富有想像力的插圖。這不僅展示了 AIGC 工具在創作過程中的強大功能，也讓我們體驗到人工智慧如何助力創意的實現。最後，在 5-4 節，我們將所有的創作成果匯集起來，製作了一個精美的線上閱讀網頁。透過 HTML 和 CSS 的應用，我們將圖文內容完美地呈現在讀者面前，為他們帶來了視覺與閱讀的雙重享受。

本章的學習，不僅讓我們掌握了從內容創作到網頁製作的全流程，也啟發了我們對於人工智慧在創意領域應用的無限想像。無論您是對故事寫作、插圖創作，還是對技術實現感興趣，都能在這個過程中找到屬於自己的價值與樂趣。希望本章的內容能夠激發您的創作熱情，鼓勵您繼續探索 AIGC 工具，創作出更多獨一無二的作品，與世界分享您的精彩故事。

Chapter 5 課後習題

單選題

( ) 1. 以下有關 HTML 的敘述，何者正確？
  (A) HTML 需要配合 JavaScript 才能顯示圖片
  (B) HTML 是負責網頁互動功能的技術之一
  (C) HTML 定義了網頁的結構與內容，例如段落與圖片
  (D) HTML 用於設計網頁的外觀，例如顏色與字型。

( ) 2. 以下有關 AIGC（人工智慧生成內容）的敘述，何者正確？
  (A) AIGC 只能用於生成圖像，無法生成文字內容
  (B) AIGC 可用於創作繪本，包括生成故事文本與插圖
  (C) AIGC 工具無法生成帶有互動功能的網頁內容
  (D) AIGC 的使用僅限於專業程式設計師。

( ) 3. 若要將繪本圖片壓縮以提升網頁加載速度，以下工具何者最適合？
  (A) TinyPNG   (B) VLC Media Player
  (C) Microsoft Paint   (D) Google Docs。

( ) 4. 在 ChatGPT 協助下製作 TTS（文字轉語音）網頁時，何者為正確操作？
  (A) TTS 僅能用於朗讀英文內容
  (B) 只能使用 Python 語言來實現 TTS
  (C) 需下載額外的瀏覽器插件來啟用 TTS
  (D) 使用 JavaScript 的 SpeechSynthesis API 實現 TTS 功能。

( ) 5. 以下何者是進行繪本網頁開發時的正確流程？
  (A) 所有圖片均應使用 PNG 格式以保持高質量
  (B) 整理圖片，調整大小與壓縮，並使用標準命名方式
  (C) 使用 CSS 來定義圖片內容並加載至網頁
  (D) 直接將未經處理的圖片上傳網頁即可完成開發。

(　) 6. 關於 HTML、CSS 與 JavaScript 的敘述，何者正確？
　　　(A) CSS 負責定義網頁的結構與內容
　　　(B) HTML 負責實現網頁的互動功能
　　　(C) JavaScript 負責讓網頁具備互動性，例如按鈕點擊動作
　　　(D) 這三者之間無需配合使用即可完成網頁製作。

(　) 7. 下列關於 Neocities 平台的使用，何者正確？
　　　(A) Neocities 僅能用於專業開發者，無法支援初學者
　　　(B) 使用 Neocities 發布網站需支付額外的註冊費用
　　　(C) 在 Neocities 上傳的檔案必須為壓縮格式（如 ZIP）
　　　(D) Neocities 可用於免費建立並發布個人網站。

(　) 8. 以下有關繪本網頁中圖片處理的敘述，何者正確？
　　　(A) 圖片大小需調整到精確寬度 800px 並壓縮檔案大小
　　　(B) 圖片的命名應盡量簡短且無需區分頁碼
　　　(C) 圖片處理過程中無需考慮格式轉換
　　　(D) 若圖片包含透明背景，應優先使用 JPEG 格式。

(　) 9. 若使用 ChatGPT 生成簡單的 HTML 文件，下列指令何者正確？
　　　(A)「創建一個 JavaScript 網頁，無需任何 HTML 或 CSS。」
　　　(B)「製作一個網頁，僅用 CSS 來定義結構和功能。」
　　　(C)「請生成一個包含標題 '我的第一個網頁' 的網頁。」
　　　(D)「生成一個網頁，但不要包含任何 HTML 標籤。」。

(　) 10. 在使用 AIGC 工具生成繪本內容時，應該考量的倫理問題是什麼？
　　　(A) 確保使用授權的圖片和文本來源，避免侵權
　　　(B) 忽略生成內容的版權歸屬問題
　　　(C) 僅關注內容的美觀度，而非來源的合法性
　　　(D) 任意使用爭議性數據進行內容生成。

MEMO.....................

Chapter 6

AIGC 幫你做報告

6-1　線上課程寫紀錄

6-2　整理筆記畫圖表

6-3　十分鐘內做簡報

Chapter 6　AIGC 幫你做報告

6-1　線上課程寫紀錄

在數位學習的浪潮下，許多學生與專業人士常常需要參與各式各樣的線上課程與會議，而「如何快速、完整地記錄資訊」便成了一大挑戰。若僅仰賴手動筆記，不但容易跟不上講師的敘述速度，還可能在抄寫時遺漏關鍵內容。為了因應這些問題，市面上出現了各種會議紀錄平台，包括 Tactiq、Seameet、Otter.ai、Fireflies.ai 等，每一種工具都有其獨特的功能與應用情境。本節將聚焦於 Tactiq 的使用方式與特點，並在最後與其他平台簡要比較，協助讀者更好地理解並選擇適合自己的紀錄工具。

6-1.1　走進 Tactiq

1. **專為 Google Meet 打造的即時轉錄工具**

    Tactiq 能透過即時字幕功能，將 Google Meet 上的講者發言自動轉為文字並記錄下來。這對於頻繁使用 Google Meet、重視易用性與即時性的學習者或工作者來說，格外具有吸引力。只要安裝好 Tactiq 擴充功能、啟用 Meet 的字幕，系統便會全自動地記錄所有對話，使用者可在課程或會議中更加專注於內容本身，而非分心於筆記。

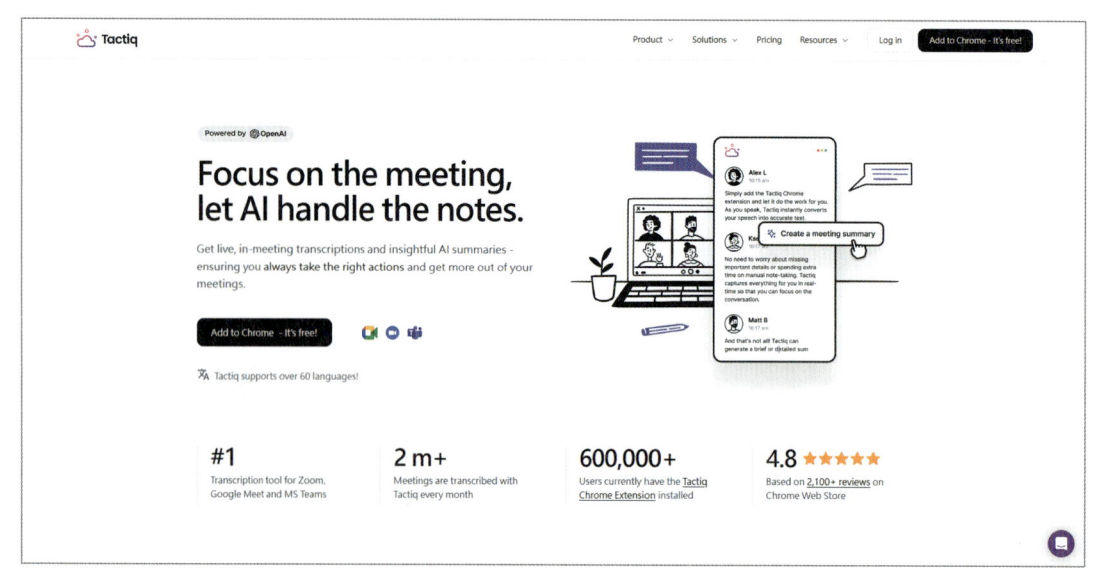

    ▲圖 6-1　Tactiq

2. 使用步驟：從安裝到匯出的完整流程

在實際操作方面，Tactiq 的使用流程相當簡單且直覺，以下以**三大步驟**做概述：

(1) 安裝與登入

- 前往 Chrome 網頁商店 搜尋並安裝「Tactiq」擴充功能，成功安裝後，瀏覽器右上角會顯示 Tactiq 的圖示。
- 點擊圖示後，選擇以 Google 帳戶 或其他支援方式登入並完成設定。

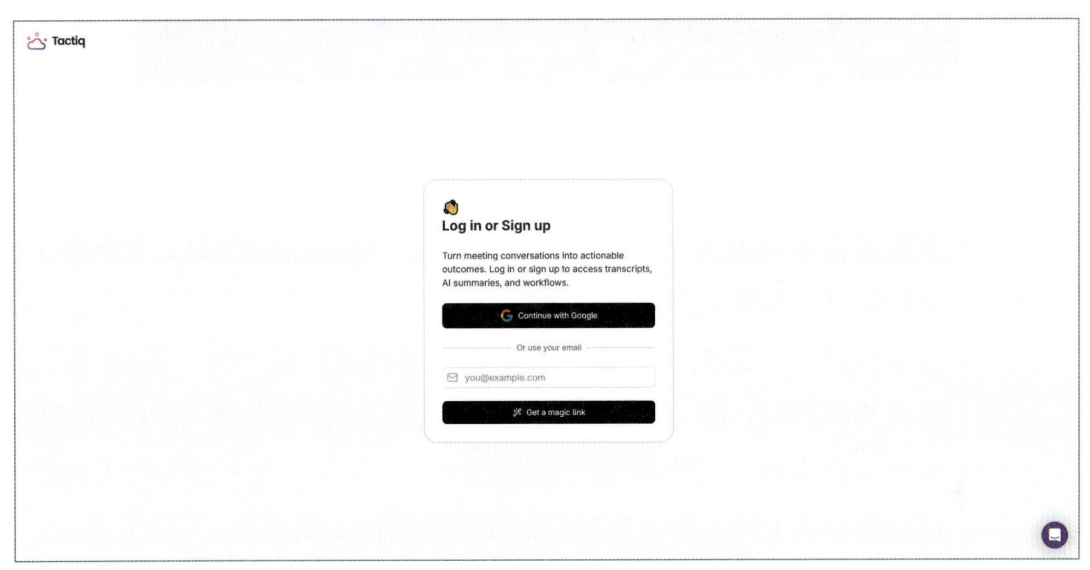

▲圖 6-2　安裝「Tactiq」擴充功能

(2) 啟用即時記錄

- 開啟 Google Meet 並加入課程或會議，進入主介面後，請務必**啟用「即時字幕」**功能。
- 當字幕出現，Tactiq 便會自動偵測講者對話，並在螢幕上顯示即時轉錄的文字。
- 在課程或會議進行中，使用者可對關鍵字句進行**高亮標記**或新增註解，方便稍後再次瀏覽時能快速辨識重點。

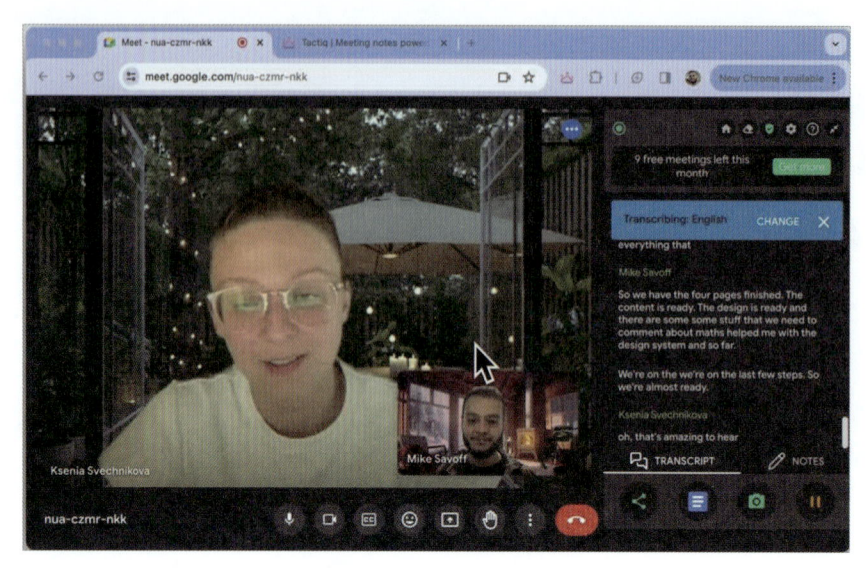

Chapter 6　AIGC 幫你做報告

▲圖 6-3　產生即時字幕

(3) 整理與匯出

- 課程或會議結束後，可在 Tactiq 的管理介面檢視完整的文字紀錄，並進行簡單的瀏覽或整理。
- 若需要進一步編輯或分享，使用者可選擇匯出成 PDF、TXT 或直接匯入 Google Docs。不論是高亮標記還是註解，皆會一併保留下來。
- 與他人協作時，可將匯出的檔案與同事或同學分享，讓所有人都能快速掌握會議重點，省去重新紀錄或反覆對稿的麻煩。

▲圖 6-4　整理並匯出字幕

6-1.2 Tactiq 的優勢

1. **即時性、高度整合與操作簡潔**
   - 即時性：在 Google Meet 中只要開啟字幕，Tactiq 即能同步轉錄，幾乎不需要任何額外等待或轉檔時間。
   - 高度整合：Tactiq 與 Google Meet 的結合度高，對於習慣使用 Meet 平台的團隊或個人來說，幾乎不會改變原本的使用模式。
   - 操作簡潔：簡單的介面與擴充功能設計，讓初次上手也能在短時間內熟練操作，避免了複雜設定所帶來的學習成本。

2. **與 Seameet 等其他平台的比較**

   在介紹完 Tactiq 的基本操作與優點之後，我們也可略微理解其他常見紀錄平台的功能特色。

   Seameet 同樣提供自動擷取會議字幕的功能，而且支援多種平台與雲端管理，適合需要在不同會議系統間切換、或希望在一個平台上整合「會議邀請、檔案儲存、協同編輯」等需求的使用者。然而，Seameet 的介面與功能相對更豐富，初次使用可能需要花多一些時間熟悉設定。若僅需要對 Google Meet 的課程做「即時文字轉錄及簡易整理」，Tactiq 在操作流暢度與專業性上會顯得更符合需求。

   此外，其他的工具像是 Otter.ai 與 Fireflies.ai 也提供類似的即時語音轉錄功能，但偏重於會議管理、多人協作或自動摘要等進階功能。對於以「輕量化」及「快速紀錄」為目標的場景，Tactiq 仍能在使用門檻低、與 Google Meet 高度整合等面向上脫穎而出。

   總而言之，Tactiq 為線上課程與會議的紀錄帶來了全新的便利。透過自動偵測並轉錄字幕，搭配高亮標記與註解等功能，不僅能減少手動抄寫產生的錯漏，也能在課後快速整理、分享重點內容。若你或你的團隊主要使用 Google Meet 作為會議與課程平台，Tactiq 幾乎可以無縫接軌，不失為提高生產力與學習效率的好選擇。若有跨平台或更完整的專案協作需求，Seameet 或其他類似平台的多元功能也值得一試，但使用門檻與學習時間相對較高。藉由評估自身需求，便能在便利與功能之間取得最佳平衡，以達到最理想的數位學習與工作效率。

6-2 整理筆記畫圖表

進入線上學習的第二階段，當我們已經透過 Tactiq 或其他工具取得完整的課程紀錄後，接下來面臨的挑戰便是「如何整理龐大的文字資訊，並將重點視覺化、條理化」。手動整理筆記雖然彈性高，但往往花費時間且容易在大量資訊中迷失方向。為了讓複雜內容得以快速提煉，Napkin AI 這類具備智慧輔助與視覺化工具的筆記平台便應運而生。

▲圖 6-5　Napkin AI

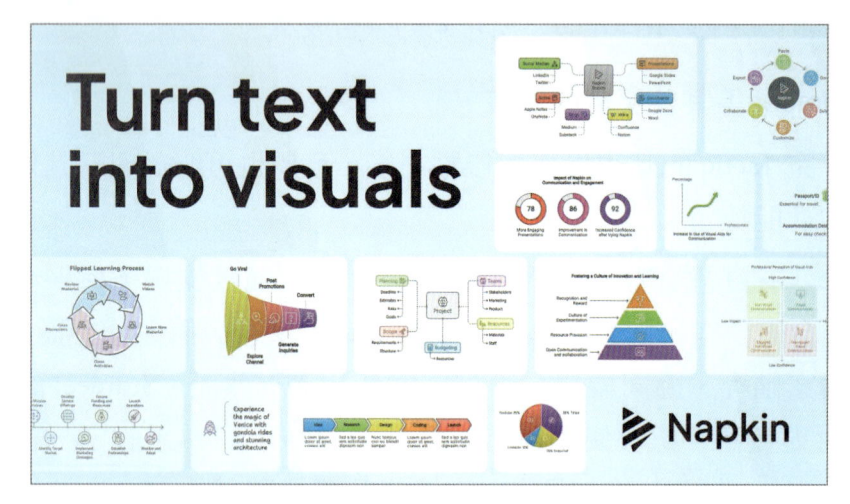

6-2.1 為何選擇 Napkin AI？

Napkin AI 的核心理念在於「智慧串聯與視覺化」，也就是幫助使用者把看似零散的資訊，以關鍵字、標籤或自動分類的方式整理成網狀脈絡，並進一步產生適合閱讀或簡報的圖表。與一般筆記應用相比，它最大的優勢在於能將未經整理的輸入（例如直接貼上的文字、課程轉錄內容等），自動拆分並歸類成各個主題區塊，協助使用者在短時間內掌握其中的重點脈絡。當我們需要回顧課程時，只要打開 Napkin AI，就能看到各項關鍵資訊如何彼此連結，並依需求去加深或拓展特定知識點。

6-2.2 Napkin AI 的常見使用情境

1. **課程重點整理**

    假設在上一節，我們利用 Tactiq 匯出了一份非常冗長的文字紀錄。若只是單純翻閱 PDF 或 TXT 檔，找起重點並不方便，而 Napkin AI 可將其中的段落或關鍵字自動拆分為「資訊卡片」，使用者再進一步加入標籤（Tags）或小註解，最後形成一個可視化的「思維地圖」或「網狀連結」，讓複習更具方向性。

2. **專案筆記管理**

    在專案進行過程中，我們常常會蒐集各種資料，包括訪談記錄、研究報告、頭腦風暴筆記等。Napkin AI 能快速將這些不同來源的零散資訊整合成一個「資訊庫」，並依照主題或進度將筆記分區，若有聯結之處則會以可視化的線條標示，讓團隊成員一看就能掌握相關連結。

3. **圖表生成與簡報**

    Napkin AI 內建部分視覺化功能，當我們需要說明某段資訊與其背景資料的關係時，可讓系統自動繪製流程圖、層級圖或樹狀結構圖，將原本複雜的文字一口氣「圖像化」。這對於期末報告或專案簡報時相當有幫助，不必再花費大量時間重新製作圖表。

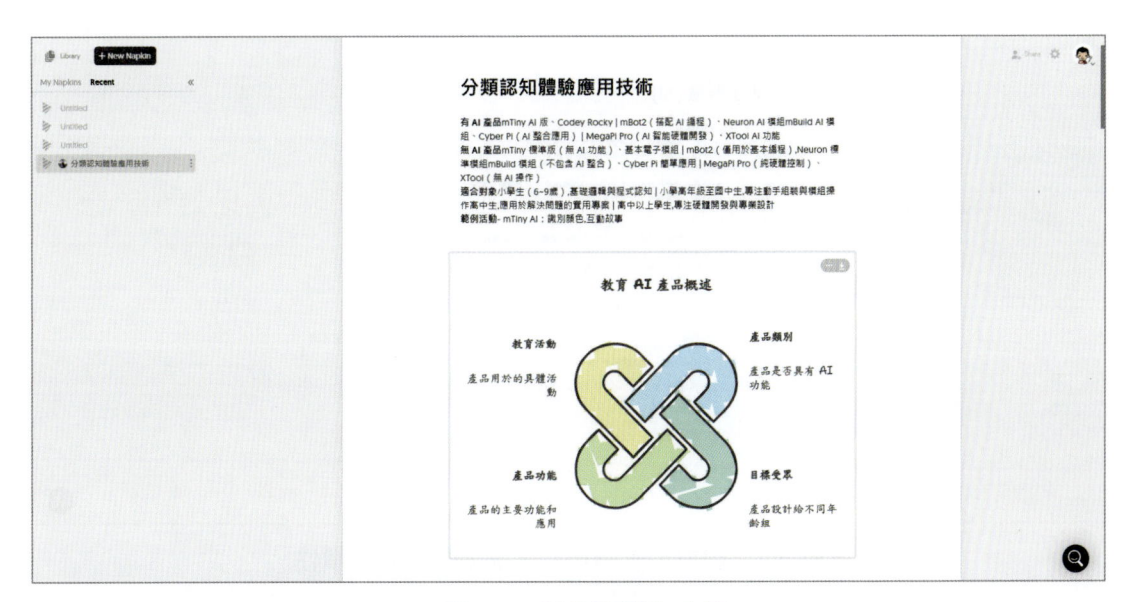

▲圖 6-6　部分視覺化功能

6-2.3 Napkin AI 的基本操作與步驟

1. **登入與建立工作區**

    首先,需要在 Napkin AI 官方網站註冊帳號,或使用支援的第三方服務(如 Google 帳戶)進行登入。接著,建立一個新的工作區(Workspace),此處可以視為一個專案或課程的「筆記容器」,用來儲存後續所有筆記與資訊卡片。

2. **匯入資料與拆分筆記**

    最直覺的做法是直接貼上或上傳欲整理的文字檔案(如 Tactiq 匯出的 TXT 或 PDF 內容)。Napkin AI 會根據行文段落與內容自動進行「拆分」,生成許多小卡片,每張卡片上都會顯示對應的段落內容。若有需要,也可手動進行合併或切割,微調拆分結果,確保資訊的完整性。

3. **視覺化與圖表生成**

    當我們需要將筆記內容製作成簡報或報告時,可運用 Napkin AI 的視覺化功能,一鍵生成簡易的 **心智圖**、**網狀圖**、或**流程圖**。在必要時,我們也能自訂色彩與樣式,讓圖表更具可讀性。有些使用者甚至會直接把這些圖表截圖、嵌入簡報投影片,以呈現資訊架構與思考過程。

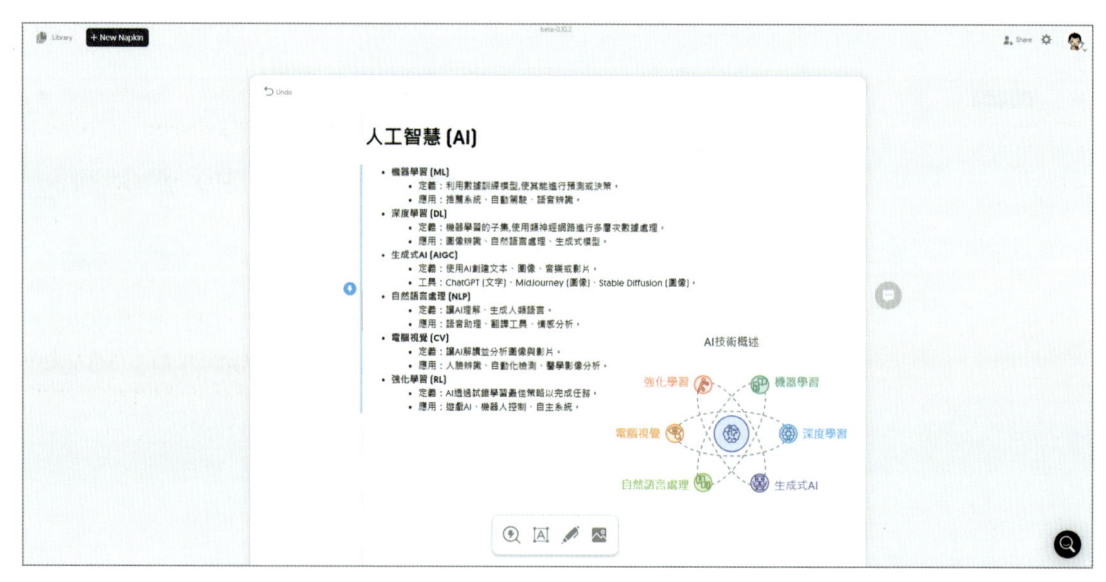

▲圖 6-7　自訂色彩與樣式,讓圖表更具可讀性

6-2.4 使用心得與注意事項

Napkin AI 讓筆記整理更高效且具彈性。對於資訊量過大的課程內容而言，它能自動拆分並加以歸納，避免了人工分類時的繁瑣與遺漏。同時，標籤系統與可視化連結能讓使用者不斷挖掘新關聯，豐富知識圖譜，這不僅是紀錄工具，也是協助發散思考與理解的好幫手。不過，初次使用時若匯入大量資料，可能需要花時間微調卡片與標籤，或是學習如何對資料做最佳拆分與歸類，才能更好地運用其自動化優勢。此外，若對筆記安全與隱私相當在意，建議也要留意 Napkin AI 的雲端存放方式，以及分享與協作的權限設定。

6-2.5 與其他筆記工具的差異

市面上也有其他筆記或視覺化平台，各有所長：

- Evernote：具備強大的搜尋功能與多平台同步優勢，但著重於傳統條列式筆記和資料整理。
- Notion：擅長整合專案管理與資料庫功能，適用於多人協作與大型專案，但圖表呈現需要透過外掛或額外設置。
- Milanote：以圖板式介面與豐富設計元件聞名，強調創意腦力激盪與設計師協作，但缺乏 AI 自動分類與拆分內容的功能。
- Padlet：多用於教育情境下的「即時便利貼牆」，能讓多人在同一個看板上同步貼文、留言與上傳素材。適合腦力激盪或課堂互動，但缺少 Napkin AI 這種針對文字進行自動切割與標籤的功能，較偏向簡單的即時討論板。

整體來看，Napkin AI 在「自動化拆分、標籤與連結」以及「圖表可視化」方面獨樹一幟，特別適合需要大量整理文字內容並希望快速產出知識結構的場景。如果你已在 Evernote 或 Notion 上耕耘多時，但又渴望對筆記做進一步的視覺化與智慧串聯，不妨嘗試將既有資料部分匯入 Napkin AI，看能否激盪出新的整理思路與應用模式；若你只想簡單建立共用筆記牆或班級討論板，Padlet 等工具則更為直觀且輕巧。

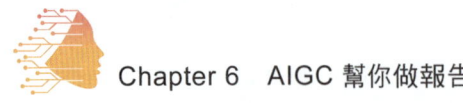

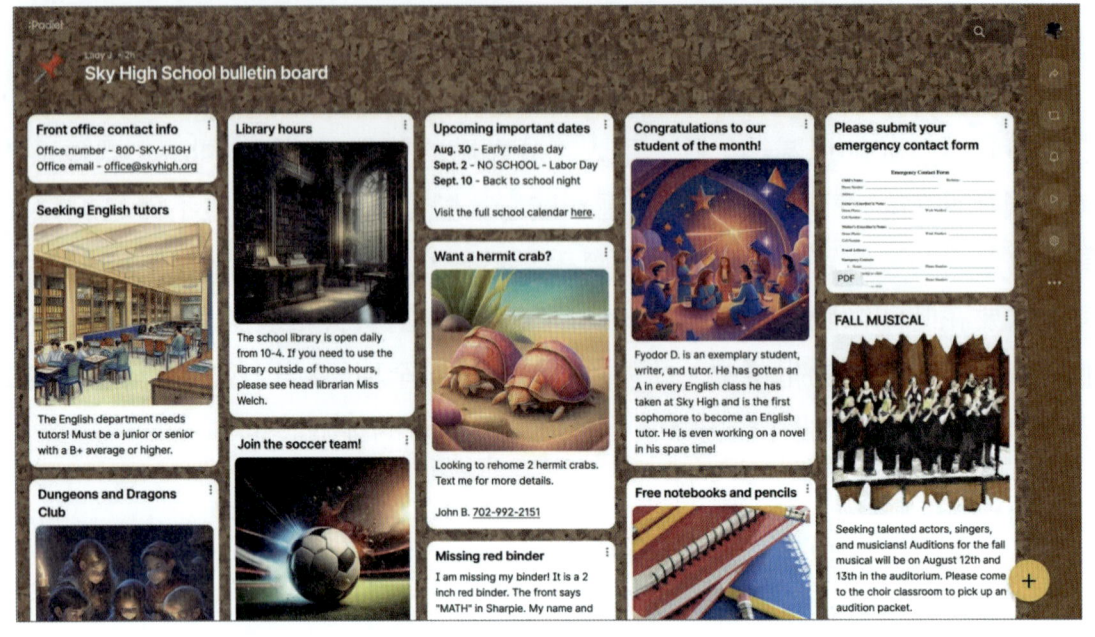

Chapter 6　AIGC 幫你做報告

▲圖 6-8　Padlet：多用於教育情境下的「即時便利貼牆」

> **小結**
>
> **從雜亂到有序，讓筆記走向智慧化**
>
> 　　綜觀而言，Napkin AI 從匯入文字、智慧拆分，到標籤化管理與可視化呈現，帶給使用者一條流暢的「整理→理解→應用」路徑。在現代教育與工作模式下，我們接收訊息的速度越來越快，唯有善用工具將大量資訊系統化，才能真正掌握並運用其中的價值。若你已經有一份詳細的課程紀錄或資料庫，只需把它「丟進」Napkin AI 進行整理，再搭配靈活的標籤與圖表功能，就能迅速提煉出條理清晰、視覺化且具備高度可擴充性的知識結構。讓我們從此不再為「筆記散亂」而苦惱，也能更自在地用數位工具強化學習與工作的效率。

6-3　十分鐘內做簡報

　　經過前兩節（Tactiq 與 Napkin AI）的學習，我們已經成功蒐集並整理了課程或會議的文字重點。接下來，如何在短時間內把這些精華內容製作成一份美觀又具說服力的簡報呢？

　　這時就能派上 Gamma 這款 AI 簡報平台的用場。Gamma 能在十分鐘內，協助我們自動生成簡報大綱、選擇視覺模板，讓繁瑣的簡報製作流程變得省時又直覺。

6-3.1　為什麼選擇 Gamma ?

1. **AI 智慧生成**

   只要輸入簡報大綱或重點段落，Gamma 的 AI 便能自動偵測段落並建立投影片卡片，省去手動排版的繁雜過程。

2. **多樣化模板與主題**

   平台內建各式專業風格的簡報主題與版面配置，使用者可以依照簡報場合（如商業、教育或創意等）一鍵套用，擁有立即上手的視覺效果。

3. **快速編輯與自動排版**

   不需要花太多時間在字體大小、圖片位置或段落對齊上，Gamma 在匯入或貼上文字後會自動進行基礎排版。使用者只需稍作修飾與補充，即可完成一份高水準的簡報。

6-3.2　登入與主視窗

1. **登入前畫面**

   - 在正式使用平台前，Gamma 提供了簡潔的首頁介紹與註冊／登入選項。使用者可以選擇「**免費註冊**」，或直接使用 Google 帳戶 登入。

Chapter 6　AIGC 幫你做報告

- 截圖中能看到 Gamma 以柔和的色彩和插圖作為品牌視覺，傳達出「易用、直覺」的氛圍。

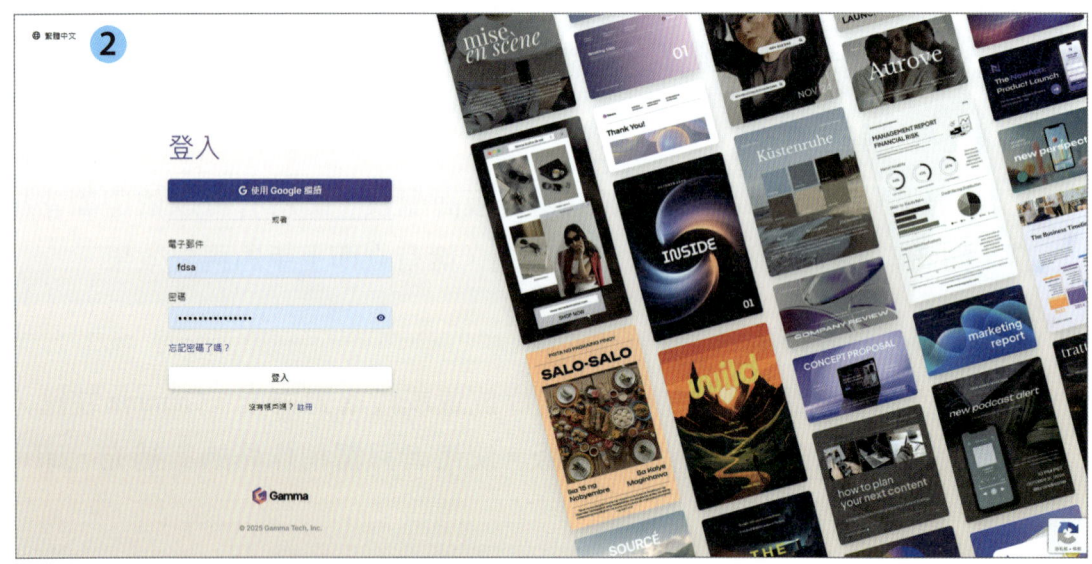

▲圖 6-9　登入 Gamma

2. **進入 Gamma 主頁面：清單與新建**

    - 登入後，左側可見「Gammas」或其他工作區列表；在右上方或頁面中央有「+ 新建 AI」、「+ 從頭開始建立」等按鈕，可供使用者決定由 AI 輔助生成，或由自己從空白簡報開始製作。

    - 已建立的簡報則會以卡片形式顯示在畫面中央，可點擊進入編輯或檢視。

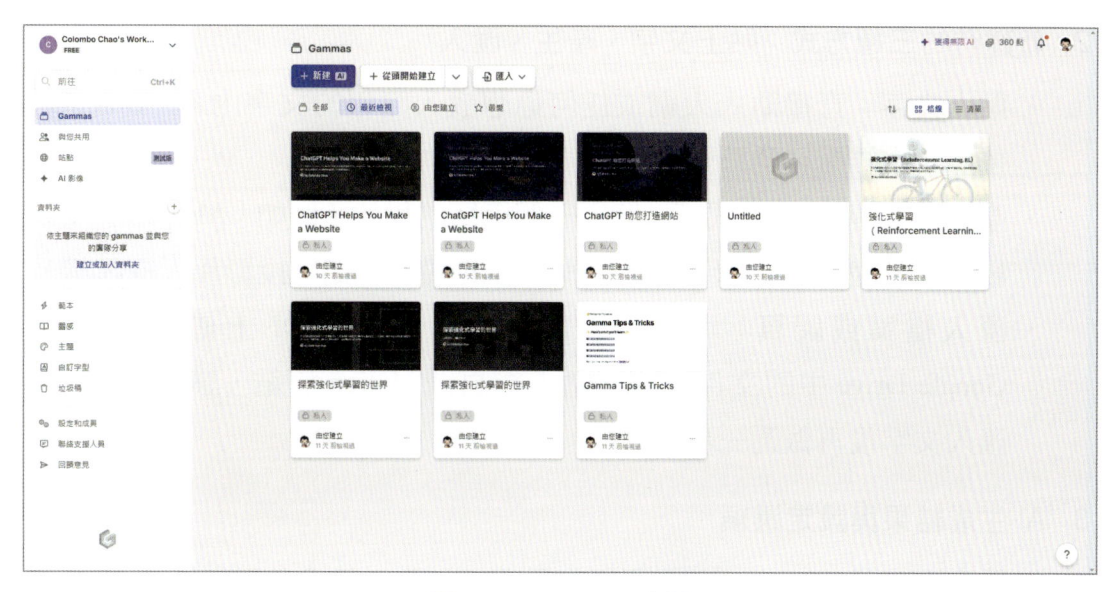

▲圖 6-10　Gamma 主頁面

6-3.3 介面導覽

Gamma 的介面主要可分為幾個區域與功能：

1. **Gammas 清單頁（工作區）**

    - 進入 Gamma 後，可以在左側選單（Gammas）看到自己已經建立或收藏的簡報列表。

    - 若要開啟新的專案，可點擊上方的「+ 新建 AI」或「+ 從頭開始建立」來決定是要讓 AI 幫忙自動產生，或是自己從空白投影片開始設計。

▲圖 6-11　開啟新的專案

2. 新建時的三種方式：貼上文字、產生、匯入
   - **貼上文字**：直接貼入大綱或任何你想放入簡報的文字內容，Gamma 會依照文字結構自動分卡片。
   - **產生**：在「產生」模式下，輸入一個簡短的描述（例如「AI 介紹」、「市場分析簡報」等），Gamma 會根據你的關鍵字提出投影片大綱建議。
   - **匯入檔案或網頁**：可將現有的 PPTX、Word、PDF 上傳，或連接到 Google Drive 中的文件，甚至貼上網頁或 Notion 連結，讓 Gamma 直接匯入文字後再做進一步編排。

3. AI 生成結果與設定選項
   - 貼上文字後，Gamma 會依照行文段落，自動分割成多張「卡片」。例如：卡片 1 是「AI 簡介」、卡片 2 是「AI 的發展歷程」，依此類推。
   - 在螢幕右側或下方，可以設定「每張卡片的文字量」（如「簡介」、「中等」、「詳細」）及「圖片來源」（如「AI 圖片」、「Unsplash」等）。
   - **圖片模式**：讓我們選擇要不要自動插入 AI 生成或免費圖庫的背景圖片，甚至支援動圖或貼圖。
   - **文字細節**：可切換到進階模式，以更精準地微調每張卡片的內容長度。

▲圖 6-12　AI 生成設定選項

4 編輯介面：主題挑選與投影片預覽

- 進入編輯模式後，左側為投影片索引，主視窗顯示當前卡片的文字與圖像；右側則是「挑選主題」與「外觀調整」的選單。
- 你可以點擊想要編輯的卡片並修改內容，或者插入圖片、連結、影片等多媒體素材。Gamma 也提供搜尋內建插圖或上傳自訂圖片的功能。

▲圖 6-13　主題挑選與投影片預覽

5. 預覽與導出

- 完成編排後，可點擊右上角的「**展示**」進行即時預覽，檢查投影片的排版與流暢度。
- 若需要下載或共享簡報，Gamma 提供多種分享方式，包括連結分享或將簡報匯出為 PDF。

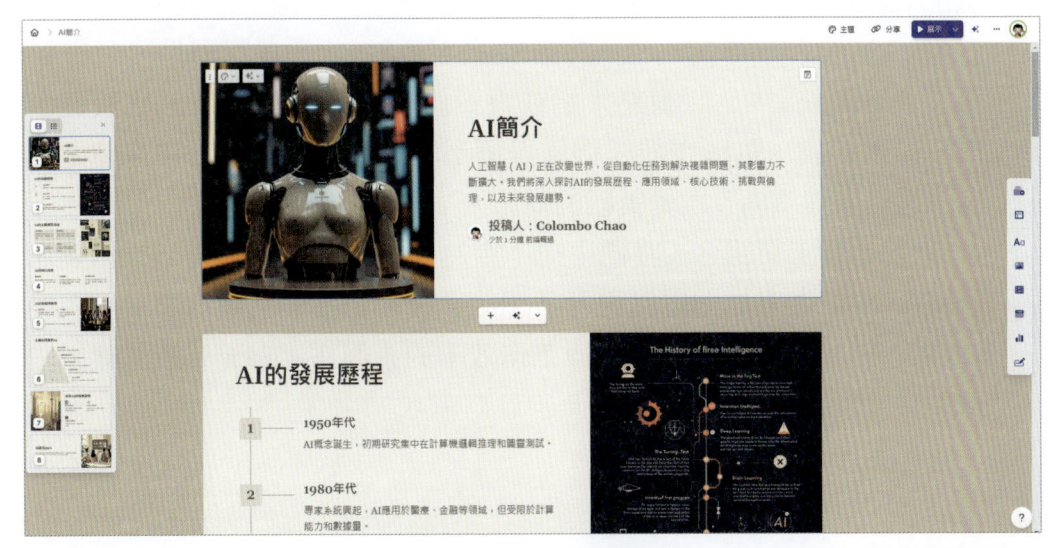

▲圖 6-14　預覽與導出

6-3.4 為何能在十分鐘內完成？

- **AI 自動生成結構**：使用者不必先手動拆分段落，Gamma 會依據貼上的文字自動產生簡報卡片的數量與標題。

- **模板與配色一鍵切換**：不需重新設定字體或顏色，幾秒內就能替換整個簡報的設計風格。

- **即時視覺化編排**：系統內建圖片與圖示搜尋，拖放即可完成素材插入，免去了來回切換檔案或開啟繪圖程式的時間。

> **小結**
>
> **串聯前兩節成果，讓簡報一氣呵成**
>
> 　　回顧整十分鐘製作簡報的流程：
> - 透過 Tactiq 獲取並記錄完整的線上課程重點。
> - 以 Napkin AI 作為筆記平台，將這些重點拆分、標籤並可視化。
> - 最後在 Gamma 中，將重點大綱或重要段落貼上，由 AI 幫我們快速生成投影片結構，再稍作細部調整與插圖，即可在不到十分鐘的時間裡完成一份條理清晰、視覺美觀的簡報。
>
> 　　有了這套工具組合，我們再也不用為了臨時的課堂報告或工作簡報而慌張，能更從容地把重點內容呈現給觀眾，並確保整體的專業度與視覺效果。對於想提升數位學習與工作效率的人而言，Gamma 堪稱最後一哩路的必備祕密武器。

Chapter 6 課後習題

▲ 單選題 ▼

( ) 1. 下列關於 Tactiq 的敘述，何者為是？
　　　(A) Tactiq 無法匯出會議記錄
　　　(B) Tactiq 需要安裝到所有與會者的裝置才能運行
　　　(C) Tactiq 能即時將 Google Meet 的講者發言轉錄為文字
　　　(D) Tactiq 僅適用於 Zoom 平台，無法整合 Google Meet。

( ) 2. 下列關於 Tactiq 的功能敘述，何者為是？
　　　(A) Tactiq 可直接將語音內容轉錄為圖表
　　　(B) Tactiq 無法高亮標記任何內容
　　　(C) Tactiq 必須啟用 Google Meet 的即時字幕才能轉錄
　　　(D) 使用 Tactiq 時需下載額外的音訊文件作為資料來源。

( ) 3. 下列關於 Napkin AI 的敘述，何者為是？
　　　(A) Napkin AI 能將筆記拆分為資訊卡片並建立關聯性
　　　(B) Napkin AI 的圖表生成需手動操作，無法自動生成
　　　(C) Napkin AI 主要用於語音轉錄並高亮課程內容
　　　(D) Napkin AI 僅支援本地文字文件，不支援雲端同步。

( ) 4. 下列關於 Gamma 的敘述，何者為是？
　　　(A) Gamma 僅支援專業設計師使用，無法快速上手
　　　(B) Gamma 提供 AI 自動生成簡報結構與模板功能
　　　(C) Gamma 僅能生成靜態文字，無法支持動態效果
　　　(D) Gamma 的圖片資源必須從本地檔案上傳。

( ) 5. 下列關於 Napkin AI 的視覺化功能敘述，何者為是？
　　　(A) Napkin AI 無法自動拆分筆記，僅能生成簡單表格
　　　(B) Napkin AI 僅能在離線環境下運行
　　　(C) Napkin AI 可生成心智圖與流程圖，展現資訊的結構關係
　　　(D) Napkin AI 只能用於簡報設計，不適合筆記整理。

(　　) 6. 以下哪一個工具更適合進行自動化簡報生成？
　　　　(A) PowerPoint　(B) Prezi　(C) Canva　(D) Gamma。

(　　) 7. 下列關於 Tactiq 的匯出功能敘述，何者為是？
　　　　(A) Tactiq 只能匯出高亮標記的部分，無法完整保存記錄
　　　　(B) Tactiq 不支援匯出功能，僅能在平台內查看記錄
　　　　(C) Tactiq 可匯出轉錄內容為 PDF 或 TXT 格式，方便整理
　　　　(D) Tactiq 僅能匯出音訊檔案，無法匯出文字內容。

(　　) 8. 下列關於 Napkin AI 的應用範圍，何者為是？
　　　　(A) Napkin AI 能快速整理專案筆記並建立網狀結構圖
　　　　(B) Napkin AI 僅能匯入圖片，無法處理文字內容
　　　　(C) Napkin AI 無法進行標籤管理
　　　　(D) Napkin AI 不支援跨平台協作，只能在單一設備使用。

(　　) 9. 下列關於 Tactiq 的使用挑戰敘述，何者為是？
　　　　(A) Tactiq 的即時記錄功能可能引發與會者的隱私爭議
　　　　(B) Tactiq 在 Google Meet 以外的平台無法運行，限制使用場景
　　　　(C) Tactiq 僅支援專業用戶，普通用戶無法輕鬆上手
　　　　(D) Tactiq 的匯出功能需額外付費，對用戶不友好。

(　　) 10. 下列關於 Gamma 圖片功能的敘述，何者為是？
　　　　(A) Gamma 無法在簡報中插入外部圖片
　　　　(B) Gamma 僅能使用內建模板提供的圖片
　　　　(C) Gamma 的圖片功能需要額外安裝插件才能啟用
　　　　(D) Gamma 支援 AI 圖片生成與 Unsplash 圖庫的導入功能。

Chapter 7

AIGC 幫你拍短片

7-1　故事規劃與分鏡腳本設計

7-2　影音生成與剪輯

7-3　YouTube 上架與優化

Chapter 7　AIGC 幫你拍短片

在數位內容快速消費的時代，有聲小說結合影像的形式正成為講述故事的一種新潮方式。透過影像與聲音的巧妙結合，不僅能吸引觀眾的注意力，還能讓故事的情感與場景更加生動具象。然而，傳統的有聲小說或動畫製作往往需要投入大量時間與資源，從文字編寫到場景設計、分鏡規劃，再到後期剪輯與配音，對許多人來說，這樣的過程顯得遙不可及。

隨著人工智慧生成內容技術的發展，創作這類作品的門檻大幅降低。本章將帶領讀者運用 AIGC 工具，創作一支以科幻為主題的有聲小說短片。我們將使用 ChatGPT 進行故事架構規劃與分鏡描述，並生成約 20 個分鏡的對白與場景設計。接著，透過 Genmo AI 生成動態畫面，讓科幻場景栩栩如生。最後，使用線上工具 FlexClip 進行影片剪輯，並利用其內建的文字轉語音功能，為影片添加旁白，完整呈現作品。

除了製作短片的技術步驟，我們還會示範如何運用 ChatGPT 生成吸引人的 YouTube 標題、描述與標籤，提升影片的曝光度，吸引更多觀眾觀看您的創作。本章將讓您不僅掌握 AI 工具的運用，更能體會人工智慧如何將故事的創意火花化為具體的影像作品，帶您踏上一段科幻冒險的創作旅程！

7-1　故事規劃與分鏡腳本設計

7-1.1　故事主題

故事規劃與分鏡腳本是短片製作的核心環節，決定了整體敘事的流暢性與視覺效果。本節將帶領讀者運用 ChatGPT 進行科幻主題的故事創作，從討論故事架構到完善背景設定與角色設計，再到生成 20 個分鏡的詳細描述，包括旁白文字與場景設計等，全面體驗 AI 如何簡化創作流程。

透過 ChatGPT，您可以輕鬆探索未來世界的多樣場景，快速生成具體分鏡腳本，為後續的動畫生成提供指引。無論您是初學者還是創作者，本節將讓您掌握一套高效的創作方法，讓故事從想像變為具象化的影像呈現，為短片製作奠定穩固基礎。

7-1 故事規劃與分鏡腳本設計

在創作短片時，選擇一個吸引人的主題是成功的第一步。透過 ChatGPT，我們可以快速生成多種創意十足的故事框架，例如外星探索中遭遇未知生命體、人類與 AI 共存帶來的倫理挑戰、或未來都市面臨的資源危機等。這些初步的框架可以為故事提供清晰的方向，同時保留創作者進一步發揮的空間。在選定主題時，建議根據故事的獨特性、情節的張力以及場景視覺化的可能性進行篩選。例如，選擇一個以人類與 AI 共存為核心的故事，您可以聚焦在角色情感的衝突或科技的道德邊界，讓短片題材不僅具視覺吸引力，還能引發觀眾的深思。通過這種方式，ChatGPT 不僅加速創意激發，還為整個故事設計奠定了穩固的基礎。

用戶提問：

我想用 AIGC 工具做有聲小說影片，你可以幫我構思故事嗎？

ChatGPT：

當然可以！我們可以先討論故事的主題和風格，並為你的有聲小說影片構思一個吸引人的情節架構。以下是一些問題可以幫助我們更好地定義方向：

1. 主題和風格
   - 主題：科幻、奇幻、愛情、懸疑、歷史、溫馨治癒，還是其他類型？
   - 風格：輕鬆幽默、嚴肅深刻、感人催淚、驚悚懸疑等？
2. 目標受眾
   - 這部有聲小說影片的主要觀眾是誰？例如：兒童、青少年、成人還是全齡？
3. 故事背景
   - 時空設定：現代、未來、過去，還是完全架空的世界？
   - 地點：都市、鄉村、異世界、太空等？
4. 主角與核心衝突
   - 主角是一個怎樣的人（或生物）？有什麼目標或夢想？
   - 故事的核心衝突是什麼？例如內心掙扎、拯救世界、尋找真相、面對失落等？

用戶提問：（續）

5. 有聲小說的特色
    - 你想在有聲小說中融入哪些元素？例如：旁白、生動的角色對話、環境音效、背景音樂？
    - 是否需要有互動性或聽眾參與感的設計？

如果你已有一些初步想法，也可以直接分享，我會根據這些細節幫你設計一個完整的故事大綱！

用戶提問：

我想要科幻主題的故事，要有酷炫的機甲跟神祕的外星人

ChatGPT：

主題：外星遺跡與機甲覺醒

故事名稱：「星墟守護者」

簡介：在地球文明進入星際殖民時代的數百年前，人類首次在遙遠的行星發現了外星遺跡和巨型機甲，這些遺跡和機甲似乎是外星高等文明留下的守護工具。然而，機甲無法啟動，遺跡內的技術也超越人類理解。故事講述了一位年輕的考古學家與一名機甲駕駛員，如何意外激活了這些沉睡的外星科技，並發現一場席捲整個星系的陰謀。

故事大綱：在被稱為「星墟」的行星上，主角——年輕的外星遺跡學家艾莉亞（Aria），在研究外星符文時，意外觸發了機甲內部的一段訊息。這段訊息是用地球人類語言寫成的，似乎預告了一場即將到來的毀滅性入侵。機甲駕駛員凱恩（Kane）是保護這支考古隊的士兵，他偶然激活了一台巨型機甲，卻發現機甲並不完全聽從他的指令，而是似乎擁有自己的意志。這台機甲揭露，數千年前這片星系曾經爆發過一場星際戰爭，侵略者是來自另一維度的外星生物，現在他們正在重新集結。

艾莉亞和凱恩聯手研究遺跡內更多的外星科技，發現外星文明在機甲內設置了可以「同步駕駛」的技術。駕駛者的思維與機甲的核心需要完全融合，才能完全發揮機甲的力量。隨著同步度的提升，凱恩漸漸發現，機甲內的「核心意識」其實是外星人為了延續文明而留下的智慧殘影。

7-1 故事規劃與分鏡腳本設計

> **用戶提問：（續）**
>
> 外星入侵者開始襲擊人類殖民地，星墟行星成為首要目標。凱恩駕駛著機甲，帶領一支小型艦隊迎戰入侵者，同時艾莉亞必須破解遺跡的最終祕密，找到擊敗入侵者的方法。
>
> 艾莉亞揭露，外星文明留下的遺跡其實是一個「時空陷阱」，可以將入侵者封鎖於另一維度，但代價是犧牲機甲的核心意識和駕駛者。凱恩決定犧牲自己完成任務，最後與艾莉亞共享記憶，讓她承諾將他的故事和這場戰爭的真相傳承下去。
>
> **科技與設計亮點**：每台機甲都有獨特設計，結合生物力學和納米技術，表面能夠自我修復，內部擁有類似生物神經網路的同步系統。
>
> 遺跡內布滿能量水晶和不斷閃爍的符文，科技外觀融合自然元素，散發著神祕的幽光。
>
> 入侵者是來自高維度的能量生物，擁有吞噬物質的能力，外表類似無數條交纏的能量觸手。
>
> **分鏡腳本**：分鏡腳本是將文字敘述轉化為具象畫面的關鍵工具，能有效幫助創作者在製作影片前視覺化故事情節。透過分鏡腳本，每一個場景的鏡頭構圖、角色動作、對白安排，以及視覺效果都能事先規劃清楚，避免在影片製作過程中因缺乏方向而產生混亂。同時，分鏡腳本也能提升影片的流暢度，確保各個場景之間的銜接自然，故事節奏掌握得當。對於以 AI 輔助的短片創作而言，分鏡腳本更是將 ChatGPT 生成的內容與動畫生成工具緊密結合的橋樑，確保故事想像能夠完美呈現於影像中。

Chapter 7　AIGC 幫你拍短片

> **用戶提問：**
>
> 幫我以此故事大綱，生成20個分鏡，每個分鏡要有旁白文字、跟場景描述，讓我可以生成該場景的圖片。
>
> ## ChatGPT：
>
> 1. 星墟的第一視角
>
>   旁白：「在遙遠的星墟行星上，人類的足跡首次踏入外星遺跡。」
>
>   場景描述：一片荒涼的外星地貌，天空陰暗，散布著巨大的外星建築殘骸，發光的符文嵌入石壁。
>
> 2. 艾莉亞的發現
>
>   旁白：「年輕的考古學家艾莉亞無意間觸發了一段未知訊息。」
>
>   場景描述：艾莉亞站在一個高大的符文石板前，手放在散發藍光的符文上，石板正投射出浮動的地球語言文字。
>
> 3. 機甲的沉睡
>
>   旁白：「巨型機甲沉睡在遺跡的深處，等待著某種召喚。」
>
>   場景描述：巨型機甲半埋在發光的能量水晶中，金屬表面布滿細小的符文，散發微弱光芒。
>
> 4. 凱恩的意外啟動
>
>   旁白：「士兵凱恩意外激活了機甲，改變了一切。」
>
>   場景描述：凱恩站在機甲駕駛艙入口前，按下一個發光的控制面板，機甲的雙眼開始閃爍紅光。
>
> 5. 機甲的核心意識
>
>   旁白：「這不是普通的機甲，而是外星文明的智慧殘影。」
>
>   場景描述：機甲內部駕駛艙，環繞著凱恩的全息投影顯示了一個模糊的外星面孔，似乎正在與他交流。

7-1.2 ChatGPT 提升創意的技巧

在完成分鏡腳本的基礎上,與 ChatGPT 進行進一步的互動,可以讓創作更加豐富與細緻。以下是幾個提升創意的實用技巧,幫助您更有效地發揮 ChatGPT 的潛力:

1. 提問策略

   與 ChatGPT 互動的核心在於提供清晰且具體的提示,這能引導 AI 生成更符合需求的內容。例如,與其僅要求「描述一個未來都市」,不如提供更多細節要求,如「描述一個充滿霓虹燈、擁有高聳建築與空中交通的未來都市,並加入細節描寫雨夜中的氛圍」。

   > **範例提問:**
   > 「設計一個以 AI 管理的未來城市,其交通系統完全由自動駕駛技術控制。」
   > 「描述外星殖民地內部的生活場景,包括科技設施和居民互動。」

2. 創意延伸

   ChatGPT 能生成多樣化的內容,可用於比較不同的故事選項或為現有故事添加更多細節。例如,您可以讓 ChatGPT 針對已生成的故事框架提出替代情節,或針對分鏡的某些場景生成更豐富的設定。

   > **範例提問:**
   > 將一個基本分鏡重新描述,加入細節:「描述主角站在宇宙飛船控制台前,背景是飄浮的星雲與遙遠的星球。」
   > 延伸情節:「如果敵方艦隊突然出現,故事將如何發展?」

3. **角色深度與場景細節**

ChatGPT 也可以幫助豐富角色設定或填補場景細節，增加故事的深度。例如，為每個主要角色設計背景故事，或讓 AI 補充特定場景的視覺和聲音細節。這些延伸可以讓分鏡腳本更具層次感，並為動畫生成提供更好的基礎。

> **小結**
>
> 　　本節探討了如何利用 ChatGPT 進行故事規劃與分鏡腳本設計，並通過具體的提示與互動策略，展示了 AI 在創作過程中的高效性與靈活性。透過明確的提問與創意延伸，您可以生成更具視覺化與故事張力的分鏡腳本，為影片製作奠定穩固基礎。
>
> 　　此外，我們也強調了 ChatGPT 在角色深度與場景細節補充中的應用，讓故事內容更加完整。下一節將進一步探討如何將這些腳本轉化為動態影像，運用 AIGC 工具如 Genmo AI 與 FlexClip 將您的科幻短片帶入視覺化呈現的階段，實現從文字到影像的精彩轉變。

7-2 影音生成與剪輯

完成故事規劃與分鏡腳本後，將文字轉化為影像是短片創作中最令人期待的一步。本節將帶領您運用 AIGC 工具，逐步實現旁白語音與場景畫面的生成，並整合成一部完整的科幻主題短片。透過 Luvvoice 平台，我們將生成具情感與特色的旁白語音；利用 Genmo AI，則為每個分鏡設計出富有未來感的短動畫場景；最後，借助 FlexClip 進行剪輯，將所有素材組合成一部充滿科幻氣息的迷你電影。

本節旨在展示如何高效運用人工智慧工具，讓文字腳本具象化為專業級的影像作品。無需深厚的技術背景，您也能通過這些工具創作出令人驚豔的內容，感受從創意到影像的轉變過程。現在，就讓我們從工具中挖掘創意潛力，將故事帶入影像化的精彩世界！

7-2.1 旁白語音生成

旁白語音是短片中不可或缺的元素，它不僅引導觀眾融入故事，還能賦予影片更多情感與氛圍。我們將使用 Luvvoice 平台，快速將上一節分鏡腳本中的旁白文字轉化為自然流暢的語音檔案。透過調整語音的音色、語速與情感設定，您可以輕鬆生成具有未來感的旁白聲音，為科幻短片增添沉浸式的聆聽體驗。

Luvvoice 是一個即時且方便的文字轉語音工具，操作過程簡單直觀，無需登入或建立專案，使用者可以輕鬆將文字轉化為自然流暢的語音檔案。

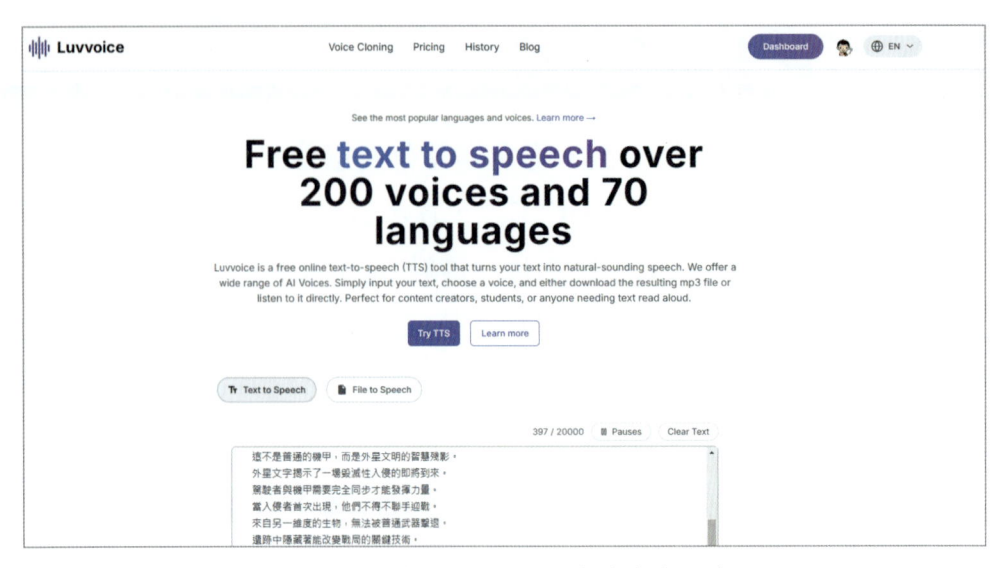

Chapter 7　AIGC 幫你拍短片

▲圖 7-1　利用 Luvvoice 生成旁白語音

　　進入平台後，首先將上一節中生成的旁白文字複製並貼到「Text to Speech」的輸入框中。這裡要注意，文字中的標點符號會直接影響語音的流暢度與節奏，例如適當使用逗號與句號可以讓語音在停頓時更加自然。貼好文字後，接下來是語音設定部分。

　　平台提供多種語言與聲音選項，根據短片主題的需求，您可以選擇「Chinese（Taiwanese Mandarin）」作為語言，並挑選合適的聲音，例如「HsiaoChen（Female）」這種帶有平穩溫柔風格的音色，特別適合敘述型旁白。選好設定後，點擊下方的「Generate」按鈕，Luvvoice 就會立即開始生成語音。

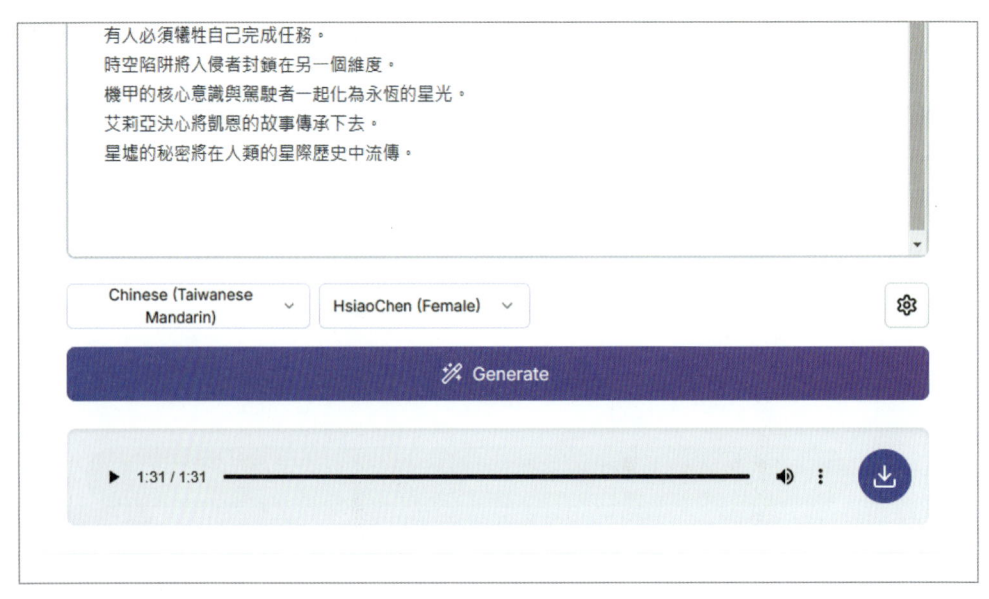

▲圖 7-2　生成語音

174

生成完成後，您可以直接播放預覽語音效果，檢查聲音是否符合影片的氛圍與節奏。如果語速或停頓需要調整，可以回到文字中修改標點或語句，然後重新點擊「Generate」生成新版本。

當您對語音滿意後，點擊下載按鈕，音檔會以 MP3 格式保存到您的裝置中，方便用於後續的影片剪輯整合。整個過程高效快捷，即使是沒有技術基礎的創作者，也能輕鬆完成影片旁白的製作，為您的科幻短片增添更具專業感的聲音表現。

7-2.2 場景短片生成

Genmo AI 是一款專為影片生成設計的人工智慧工具，能夠透過簡單的操作，將使用者的文字描述轉化為生動的短動畫。即使沒有專業的動畫製作經驗，只要輸入具體的場景描述，Genmo AI 就能生成符合想像的視覺畫面，特別適合科幻、奇幻等高度視覺化的主題，讓每位創作者輕鬆實現故事的視覺呈現。

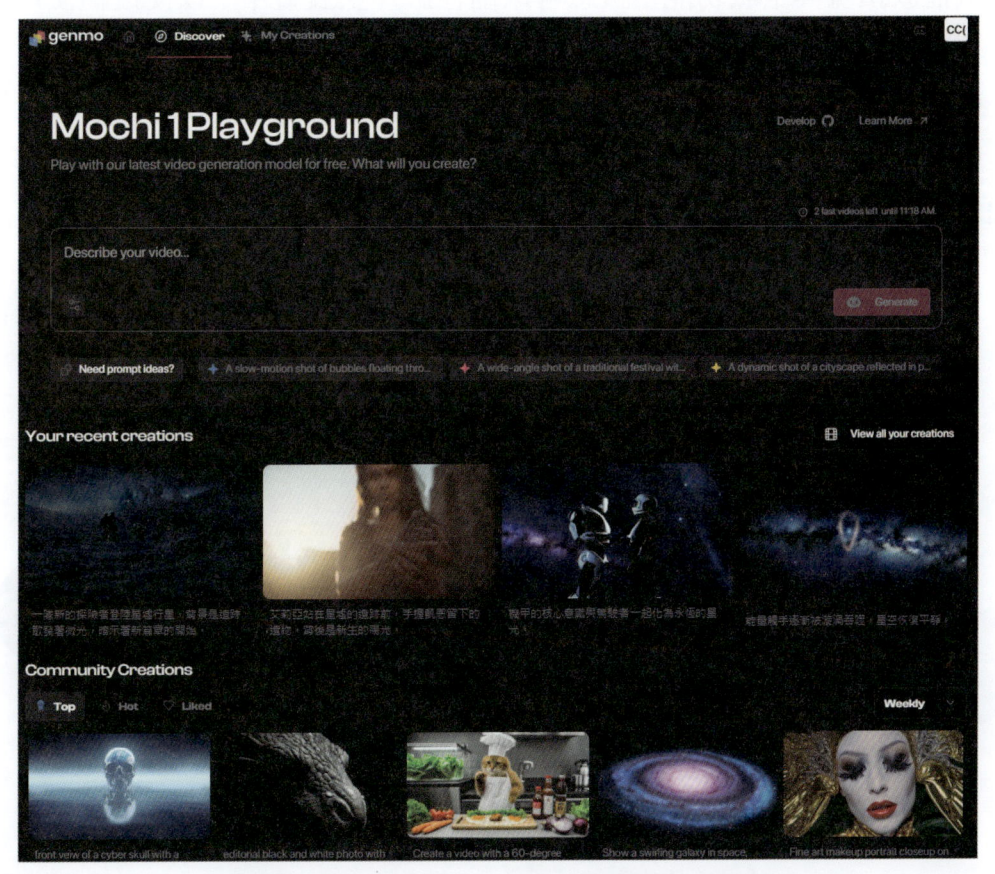

▲圖 7-3　Genmo 能生成符合想像的視覺畫面

進入 Genmo AI 平台後，您會看到兩個主要的功能頁面：Discover 和 My Creations。Discover 頁面就像一個靈感交流的社群，使用者可以在這裡看到自己的作品與其他人創作的影片，無論是壯麗的宇宙畫面，還是未來城市的場景，都能激發新的靈感。這裡不僅是一個作品展示空間，更是創作者們互相交流、尋找創意的地方。而 My Creations 頁面則是專屬於個人的創作空間，所有您生成的影片都會集中保存在這裡，方便隨時瀏覽、下載和整理。

操作 Genmo AI 的過程非常簡單。首先，在首頁輸入框中輸入您想要的**場景描述**。這一步是影片生成的核心，描述越具體，生成的影片效果就越貼近您的預期。例如，若想要一個未來都市的場景，可以輸入「霓虹燈光閃爍的未來城市，高樓林立，空中有無人機穿梭而過」。透過這樣的描述，Genmo AI 能夠捕捉細節並將畫面具象化。

當您輸入描述後，只需按下「Generate」按鈕，Genmo AI 就會開始進行影片生成。在這個過程中，您可以看到影片的生成進度，當畫面完成後，平台會立即將結果顯示在 My Creations 頁面。這裡會集中呈現所有過去生成的影片，並提供播放預覽與下載功能，讓您可以儲存影片至裝置中，以便後續使用或進一步編輯。

如果您對生成的結果不滿意，也可以返回修改場景描述，調整細節後重新生成影片。有時候，小小的改動，例如加入「黃昏」、「霧氣」或「機器人」等關鍵字，就能讓畫面呈現出截然不同的效果，讓您的創作更貼近理想中的畫面。

▲圖 7-4　影片生成

　　透過 Discover 頁面，您還可以瀏覽其他創作者的作品，從中觀察不同風格與題材的影片，這不僅能為您的創作提供靈感，還能學習如何用文字描述引導 AI 生成更具張力的畫面。這樣的功能讓創作變成一個充滿啟發的過程，每一次探索都可能碰撞出新的靈感火花。

　　總結來說，Genmo AI 將影片創作的門檻大大降低，只要透過簡單的文字描述，就能實現專業級的視覺效果。無論是製作科幻短片、奇幻故事，還是其他主題的動畫，這個工具都能讓創作者輕鬆將想像化為現實，為您的故事增添視覺上的生命力。

7-2.3 線上影片剪輯

FlexClip 是一款方便易用的線上影片剪接工具，無需下載任何軟體，只要打開網頁即可開始影片製作。對於初學者或需要快速完成影片剪輯的創作者來說，FlexClip 提供了直觀的操作介面、多樣化的範本，以及實用的 AI 小工具，讓整個剪輯流程變得輕鬆高效。

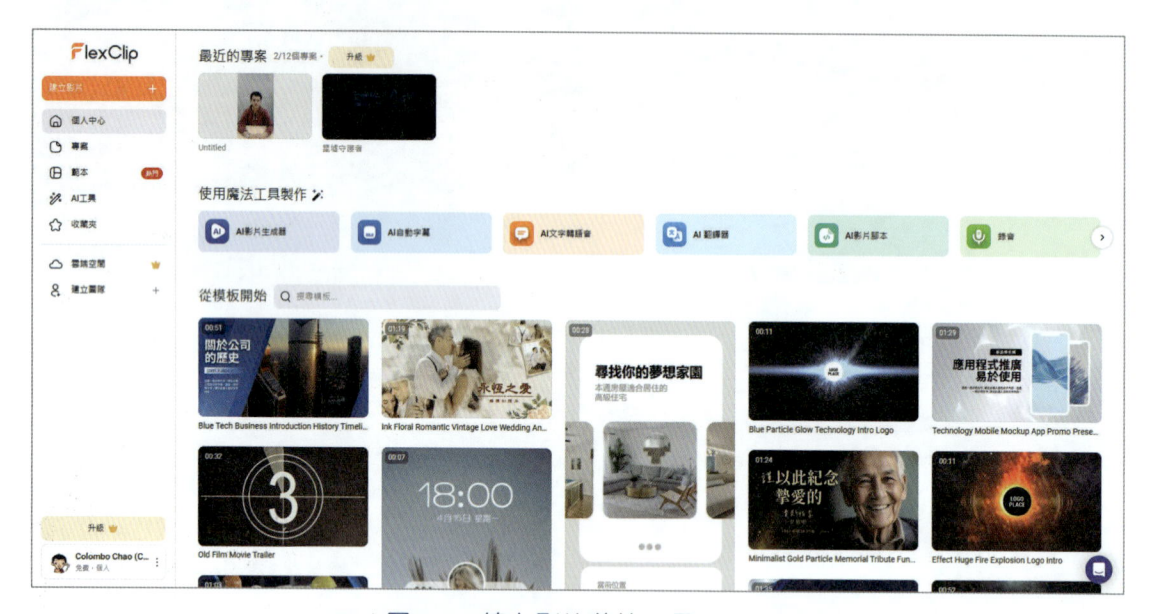

▲圖 7-5　線上影片剪接工具 FlexClip

進入主頁後，您會看到平台清晰地展示了近期編輯過的影片，以及可供使用的各類預設範本，這些範本涵蓋了商業簡介、婚禮紀錄、廣告宣傳等不同主題。除此之外，FlexClip 還提供多個 AI 小工具，像是「AI 影片生成器」、「AI 自動字幕」和「AI 文字轉語音」等功能，讓影片製作變得更加智慧化，適合各種不同需求的使用者。

進入剪輯介面後，您可以將影片片段上傳並排列到時間軸上。這裡的操作直觀簡單，您可以拖放素材、調整順序，並利用平台提供的基本工具進行影片裁剪、添加轉場效果和背景音樂。對於已經生成的旁白語音和短動畫，FlexClip 可以幫助使用者輕鬆整合這些素材，並確保音訊與畫面同步。此外，平台還支援添加字幕、特效和文字，讓您的影片更加豐富且具吸引力。

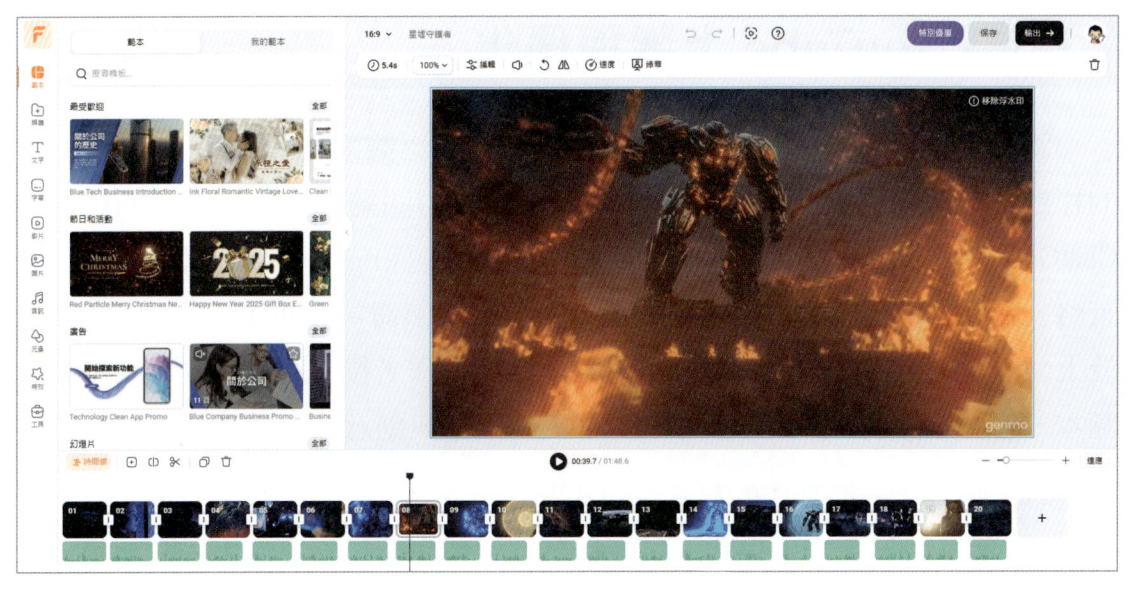

▲ 圖 7-6　FlexClip 剪輯畫面

雖然 FlexClip 提供了許多強大的功能，但對於本節內容來說，我們只是將它作為一個方便易用的線上剪接工具，快速完成影片的整合與輸出。若使用者已經熟悉其他剪接軟體，例如 Premiere Pro、Final Cut Pro 或 DaVinci Resolve，也可以選擇適合自己的工具進行影片編輯。

透過 FlexClip，您可以高效地將 Luvvoice 生成的旁白語音與 Genmo AI 製作的動畫短片組合起來，完成整部影片的剪輯工作。簡單的操作加上清晰的介面，讓影片製作流程變得更加流暢，無論是專業創作者還是新手，都能輕鬆駕馭這款工具，實現高品質的作品輸出。

小結

透過 Luvvoice 生成自然流暢的旁白語音、利用 Genmo AI 將分鏡描述轉化為生動的科幻動畫畫面，並在 FlexClip 中完成剪輯與整合，我們成功將原始的文字腳本轉化為一部具有視覺和聽覺震撼力的短片。這一過程充分展現了 AIGC 工具的強大能力，讓每個創作者都能輕鬆跨越技術門檻，專注於故事本身的創作與呈現。

從故事規劃到影片製作，這不僅是一個學習創意內容生產的實踐過程，更是一場讓 AI 技術與人類創意完美結合的旅程。接下來，我們將進一步探討如何將這部短片上架到 YouTube 平台，並透過吸引人的標題、描述與標籤，讓您的作品獲得更多的曝光與觀眾，將創作的價值最大化。

7-3　YouTube 上架與優化

將影片上架至 YouTube 是讓創作觸及更廣泛觀眾的重要一步，而影片的標題、描述與標籤則是吸引點擊和提升曝光的關鍵要素。在這個過程中，ChatGPT 不僅能協助創作者高效生成吸引人的標題和描述，還能幫助規劃標籤策略，確保影片在搜索排名中獲得更好的位置。然而，ChatGPT 的價值不僅限於上架流程，對於整體頻道運營，它還能協助創作者撰寫社群貼文、規劃影片腳本，甚至分析觀眾回饋，讓每一步都更具效率與創意。

本節將以上一節製作的科幻有聲小說《星墟守護者》為例，展示如何使用 ChatGPT 生成標題與說明區內容，並探討它在創作者日常工作中的其他應用，讓影片上架不僅是一次操作，更成為一場數據與創意的結合。

7-3.1　利用 ChatGPT 上架影片

在將影片上架至 YouTube 的過程中，標題、說明和標籤的撰寫對於吸引觀眾點擊、提升影片曝光度至關重要。而 ChatGPT 作為強大的文字生成工具，可以高效協助創作者完成這些內容。

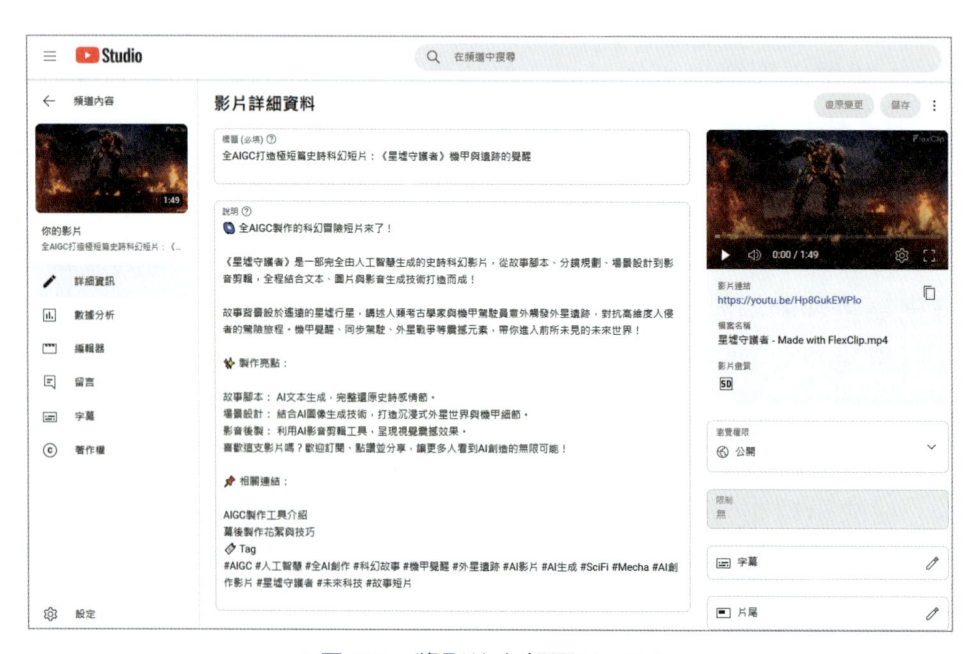

▲圖 7-7　將影片上架至 YouTube

在為影片撰寫**標題**時，ChatGPT 可以根據影片內容與目標受眾生成多個候選標題，創作者可以根據 SEO（搜尋引擎最佳化）和點擊吸引力挑選最佳選項。例如，針對《星墟守護者》，我們向 ChatGPT 提出了以下需求：「為一部以 AI 完全生成的史詩科幻短片設計一個吸引人的標題，包含『星墟守護者』和『機甲』等關鍵字。」ChatGPT 隨即生成以下選項：

1. 「全 AIGC 打造極短篇史詩科幻短片：《星墟守護者》機甲與遺跡的覺醒」
2. 「星墟守護者：AI 時代的機甲冒險，史詩級科幻短片」
3. 「人工智慧創造的未來：機甲覺醒與星墟守護」

最終，我們選擇了第一個標題，因為它清楚點出了影片的核心特點（全 AIGC 打造）以及故事的主題（機甲、遺跡、覺醒），能在觀眾搜尋相關內容時提供最大吸引力。

影片**說明區**是吸引觀眾深入了解影片內容並激發互動的關鍵部分。ChatGPT 在撰寫說明時，可以根據影片的特點與故事背景，生成詳細而吸引人的描述。例如，針對《星墟守護者》，ChatGPT 生成了以下說明內容：

全 AIGC 製作的科幻冒險短片來了！

《星墟守護者》是一部完全由人工智慧生成的史詩科幻影片，從故事腳本、分鏡規劃、場景設計到影音剪輯，全程結合文字、圖片與影音生成技術打造而成！

故事背景設於遙遠的星墟行星，講述人類考古學家與機甲駕駛員意外觸發外星遺跡，對抗高維度入侵者的驚險旅程。機甲覺醒、同步駕駛、外星戰爭等震撼元素，帶你進入前所未見的未來世界！

製作亮點：
- **故事腳本**：AI 文字生成，完整還原史詩感情節。
- **場景設計**：結合 AI 圖像生成技術，打造沉浸式外星世界與機甲細節。
- **影音後製**：利用 AI 影音剪輯工具，呈現視覺震撼效果。

喜歡這支影片嗎？歡迎訂閱、點讚並分享，讓更多人看到 AI 創造的無限可能！

這樣的說明不僅充分介紹了影片的故事背景與製作亮點，還通過使用「全AIGC打造」、「震撼科幻」等關鍵詞提升了 SEO 效果，並加入了行動引導，吸引觀眾訂閱與互動。

除了標題與說明外，**標籤**也是提升影片搜尋排名的重要工具。ChatGPT 可根據影片的主題與目標受眾生成一系列功能性標籤，例如針對《星墟守護者》生成了以下標籤：

- #AIGC #人工智慧 #全 AI 創作 #科幻故事 #機甲覺醒 #外星遺跡
- #AI 影片 #AI 生成 #SciFi #Mecha #AI 創作影片 #星墟守護者 #未來科技

這些標籤涵蓋了影片的主要特點與主題，使其更容易被目標觀眾搜尋到，進一步提升點擊率與觀看量。

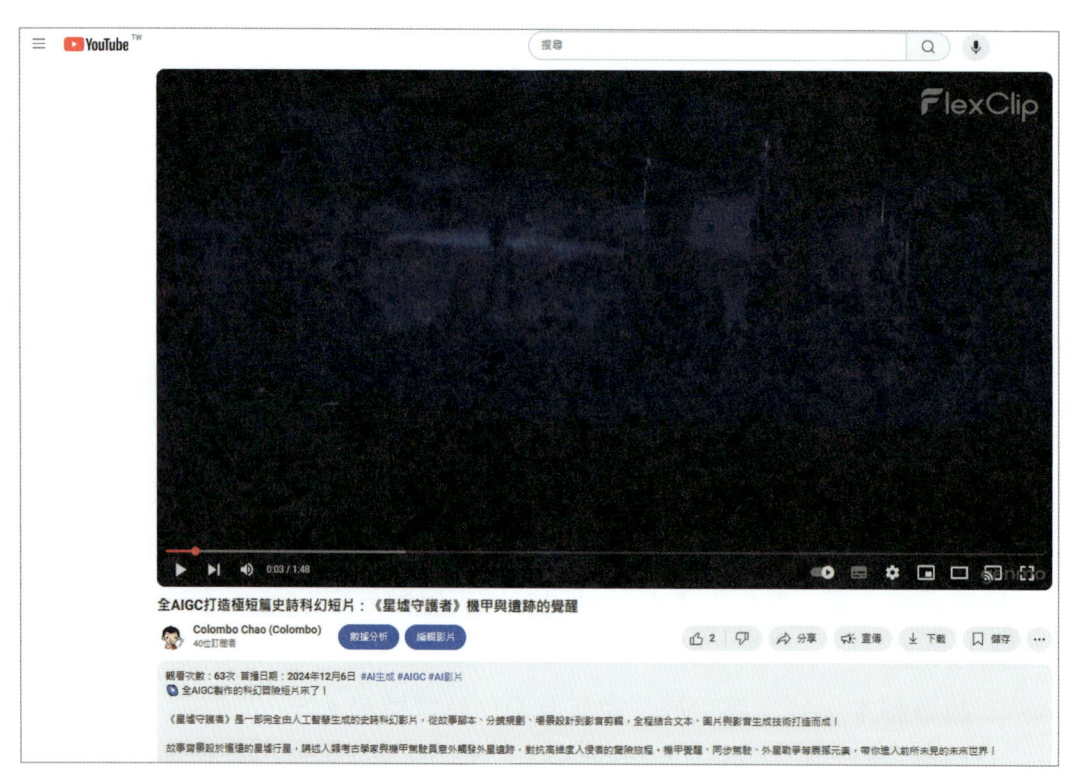

▲圖 7-8　影片上傳範例 https://www.youtube.com/watch?v=Hp8GukEWPlo

7-3.2 ChatGPT 對 YouTube 創作者的其他應用

ChatGPT 的功能遠不僅限於影片上架的標題、說明與標籤生成，對於 YouTube 創作者來說，它可以融入創作的各個環節，成為一個強大的助手，從內容構思到觀眾互動，無不發揮其價值。

在影片製作的初期，ChatGPT 可以幫助創作者構思腳本與故事情節。例如，對於以科幻為主題的頻道，ChatGPT 可以根據簡單的提示生成完整的故事框架，甚至細緻到對白與場景描述。以《星墟守護者》的續集為例，ChatGPT 能生成出這樣的靈感：「在遙遠的星墟行星深處，人類挖掘出了一個更古老的遺跡，而這遺跡中隱藏著未知的高維度生命體，它們可能是威脅，也可能是盟友。」這樣的創意不僅能節省創作者在故事構思上的時間，還能提供新穎的視角，提升影片的獨特性。

影片發布後，與觀眾的互動是維持頻道活力的重要環節。ChatGPT 可以用於撰寫社群貼文，幫助創作者與觀眾保持緊密聯繫。例如，在影片上架後，可以發布一則貼文：「《星墟守護者》短片正式發布！哪一個場景讓你印象最深刻？留言告訴我們吧！」或者在粉絲活動時，可以邀請觀眾參與創作：「如果我們拍續集，故事應該怎麼發展？你的想法可能會被採用哦！」這些貼文不僅能增加互動，還能為未來的影片帶來更多靈感。

除了腳本創作與社群互動，ChatGPT 還能幫助創作者規劃頻道的長期內容策略。例如，針對科幻主題的頻道，ChatGPT 可以生成一個完整的系列計畫，包括影片主題（如「AI 如何創造動畫」、「機甲文化的起源」）、發布時間表以及配合主題的相關資源建議。這種規劃不僅能讓頻道運營更有條理，也能吸引更多忠實觀眾。

更有趣的是，ChatGPT 還可以用於即時互動創作。例如，在直播過程中，創作者可以利用 ChatGPT 為觀眾提供即時靈感，或者根據觀眾的提問生成快速回答，讓直播內容更加豐富多彩。

最後，對於觀眾回饋的分析，ChatGPT 也能大顯身手。創作者可以將觀眾的留言或評論整理後輸入 ChatGPT，讓它幫助提取出最常見的意見或有價值的建議。比如，觀眾可能多次提到希望影片有更多角色背景，或者想了解更多 AI 工具的應用細節，這些回饋可以直接用於優化下一部影片的內容。

ChatGPT 不僅是一個創作工具，更是一個能陪伴創作者探索創意、優化內容的智慧助手。無論是規劃內容、與觀眾互動，還是分析數據，它都能在各個環節提升效率，幫助創作者打造更具吸引力的頻道與內容。對於任何想要在 YouTube 上脫穎而出的創作者來說，ChatGPT 都是值得深入探索的得力助手。

小結

本章展示了如何使用多款 AIGC 工具，從故事規劃、分鏡設計到影片生成和上架，完成一部完整且高品質的科幻短片製作。在故事設計階段，我們運用 ChatGPT 實現了高效的情節規劃與分鏡腳本撰寫；接著，透過 Luvvoice 生成自然流暢的旁白語音，並使用 Genmo AI 將文字描述轉化為生動的短動畫場景；最後在 FlexClip 中整合素材，製作出視覺與聽覺兼備的完整影片。

除此之外，本章還介紹了影片上架至 YouTube 的過程，強調了 ChatGPT 在生成吸引人的標題、撰寫 SEO 友好的說明內容以及策劃標籤策略中的重要作用。同時，延伸探討了 ChatGPT 對於影片創作的其他應用，如協助構思新故事、規劃頻道內容策略、撰寫社群貼文，以及分析觀眾回饋，展現了 AI 工具如何全面融入並提升創作體驗。

透過本章的實踐，讀者不僅學會了如何利用 AIGC 工具完成從零到一的影片製作，還能深刻理解 AI 在創意流程中的價值與潛力。這不僅是一場技術學習的旅程，更是一場創意激發的探索。希望讀者能將這些方法靈活應用於自己的創作中，開創更多屬於人工智慧與人類協作的精彩作品。

Chapter 7 課後習題

▎單選題 ▎

( ) 1. 下列關於 ChatGPT 在故事規劃中的應用，何者為是？
　　(A) ChatGPT 僅適用於簡單的故事情節，無法應用於複雜設定
　　(B) ChatGPT 僅能提供故事主題，無法生成具體情節
　　(C) ChatGPT 能根據提示生成完整的故事架構與分鏡腳本
　　(D) ChatGPT 需要人工輸入詳細場景描述才能生成故事。

( ) 2. 下列關於 Luvvoice 平台的功能敘述，何者為是？
　　(A) Luvvoice 不支持調整語音的音色與語速
　　(B) Luvvoice 能快速將文字轉換為自然流暢的語音
　　(C) Luvvoice 僅支援英文語音，無法生成中文旁白
　　(D) 使用 Luvvoice 時，必須先下載專屬軟體才能操作。

( ) 3. 下列關於 Genmo AI 的功能敘述，何者為是？
　　(A) 使用 Genmo AI 時，必須提供已完成的影像素材作為參考
　　(B) Genmo AI 不支援修改生成的動畫內容
　　(C) Genmo AI 僅能生成靜態圖片，無法製作動畫
　　(D) Genmo AI 能將文字描述轉化為生動的動畫短片。

( ) 4. 下列關於 FlexClip 的敘述，何者為是？
　　(A) 使用 FlexClip 製作影片時，無法添加字幕或背景音樂
　　(B) FlexClip 需要高性能電腦才能運行，無法在線操作
　　(C) FlexClip 是一款線上影片剪輯工具，無需下載軟體即可使用
　　(D) FlexClip 僅支援專業使用者，對初學者不友好。

( ) 5. 下列關於影片標籤策略的敘述，何者為是？
　　(A) 標籤的作用僅限於整理內容，對搜索排名沒有幫助
　　(B) ChatGPT 能生成與影片主題相關的標籤，提升搜索排名
　　(C) 標籤必須完全手動設定，無法使用 AI 工具輔助
　　(D) 標籤在影片上架後無法進行修改或調整。

(　) 6. 下列關於影片說明區內容的撰寫，何者為是？
　　(A) 影片說明只需簡短介紹，無需考慮 SEO 優化
　　(B) ChatGPT 能生成吸引人的影片說明，包括背景介紹與行動引導
　　(C) 影片說明中的文字內容不影響觀眾的點擊意願
　　(D) 影片說明無需根據影片主題進行調整。

(　) 7. 下列關於故事分鏡腳本的敘述，何者為是？
　　(A) 分鏡腳本可幫助視覺化故事情節，提升製作效率
　　(B) 分鏡腳本的生成完全依賴人工繪製，無法使用 AI 工具輔助
　　(C) 分鏡腳本僅適用於專業動畫製作，不適合短片創作
　　(D) 分鏡腳本無法規劃角色對白與場景構圖。

(　) 8. 下列關於 ChatGPT 在影片創作流程中的應用，何者為是？
　　(A) ChatGPT 僅能應用於影片上架階段，無法參與故事創作
　　(B) ChatGPT 可協助生成故事框架、影片腳本與標籤
　　(C) ChatGPT 僅能針對簡單主題生成內容，對複雜主題無幫助
　　(D) ChatGPT 生成的內容需完全人工校對，無法直接使用。

(　) 9. 下列關於 AIGC 工具生成封面設計的倫理挑戰，何者為是？
　　(A) AIGC 工具只能根據既有素材生成，無法引發版權問題
　　(B) AIGC 工具可能生成涉及版權爭議的圖片
　　(C) AIGC 工具生成的封面不受法律限制
　　(D) AIGC 工具生成的封面無需人工審核，可直接使用。

(　) 10. 下列關於 AI 工具對創意產業的挑戰，何者為是？
　　(A) AI 工具生成的內容完全取代了人工創意，無需人類參與
　　(B) AI 工具可能降低人類創作者的需求，威脅其就業機會
　　(C) AI 工具只能輔助人類創作，不會影響創意產業結構
　　(D) AI 工具無法被創意產業接受，影響有限。

Chapter 8

AIGC 幫你當主播

8-1 打造專屬數位分身主播

8-2 腳本批次剪影片

Chapter 8　AIGC 幫你當主播

隨著人工智慧技術的迅速發展，越來越多創新工具正在改變內容創作的方式。其中，Heygen AI 脫穎而出，提供了一個能快速生成數位分身（Avatar）並創建生動口說影片的平台。無論是教育、行銷還是企業應用，Heygen 都能為用戶帶來高效且專業的數位內容解決方案。本文將深入介紹如何透過 Heygen AI 創建專屬數位分身主播，並探討其多元應用場景。

8-1　打造專屬數位分身主播

▲圖 8-1　數位分身主播

8-1.1　什麼是數位分身主播？

數位分身主播是一種結合人工智慧技術與虛擬影像生成的創新應用，它讓數位內容的創作變得更加高效且充滿個性化。這項技術的核心是利用 AI 模型分析真人影像，並將其轉化為高度還原的虛擬分身（Avatar）。透過 Heygen AI，用戶只需提供一段簡短的真人影片，例如幾秒鐘的問候或自我介紹，平台便能自動學習人物的外貌特徵、面部表情及語音特性，進而生成一個具備擬真人效果的數位分身。

這些數位分身不僅外貌與真人相似，還能在語音與動態表現上栩栩如生，甚至支持多語言與多場景的應用。例如，用戶可以提供一段講稿，Heygen 的 AI 系統會自動讓分身根據內容進行流暢的口語表達，搭配自然的口型同步與真實的表情變化，模擬真人演講的效果。相比傳統的真人錄影，數位分身主播能大幅縮短製作週期，減少場地與設備成本，且影片生成的過程完全數位化，具備高度的靈活性與重複利用價值。

除此之外，數位分身主播的應用範圍也極其廣泛，無論是在教育培訓中用於製作專業的教學影片，還是在行銷宣傳中打造品牌形象，抑或是為個人創作提供獨特的數位化表達方式，這項技術都展現出了強大的潛力和價值。它不僅是人工智慧技術的一次突破，更是數位內容創作的一次革命，讓每個人都能輕鬆進入專業級內容生產的世界。

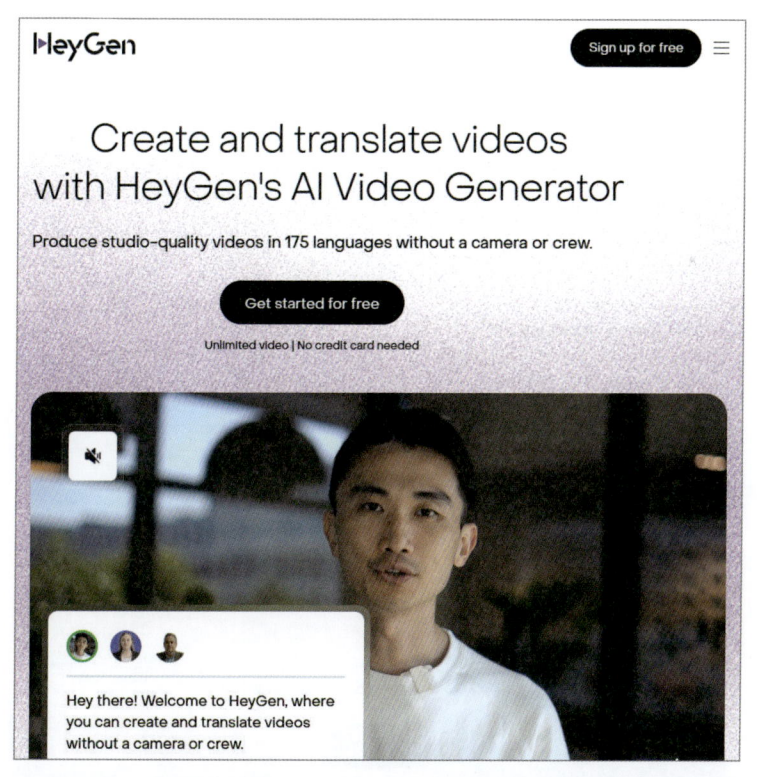

▲圖 8-2　Heygen 利用 AI 模型分析真人影像，並將其轉化為高度還原的虛擬分身（Avatar）

8-1.2 如何製作自己的數位分身主播？

Heygen AI 的操作流程直觀簡單，即使是初次使用也能快速上手。以下是完整的製作步驟：

Step 1：準備影片素材

1. 拍攝高品質短影片

　・影片長度：3～5 分鐘即可，避免過長影響處理效率。
　・背景要求：使用簡單的背景，例如純色牆面，避免雜亂場景干擾 AI 分析。
　・光線條件：確保光線均勻且柔和，避免過亮或過暗。
　・內容建議：對著鏡頭保持自然表情，稍微講幾句話（例如問候語或簡短自我介紹）。

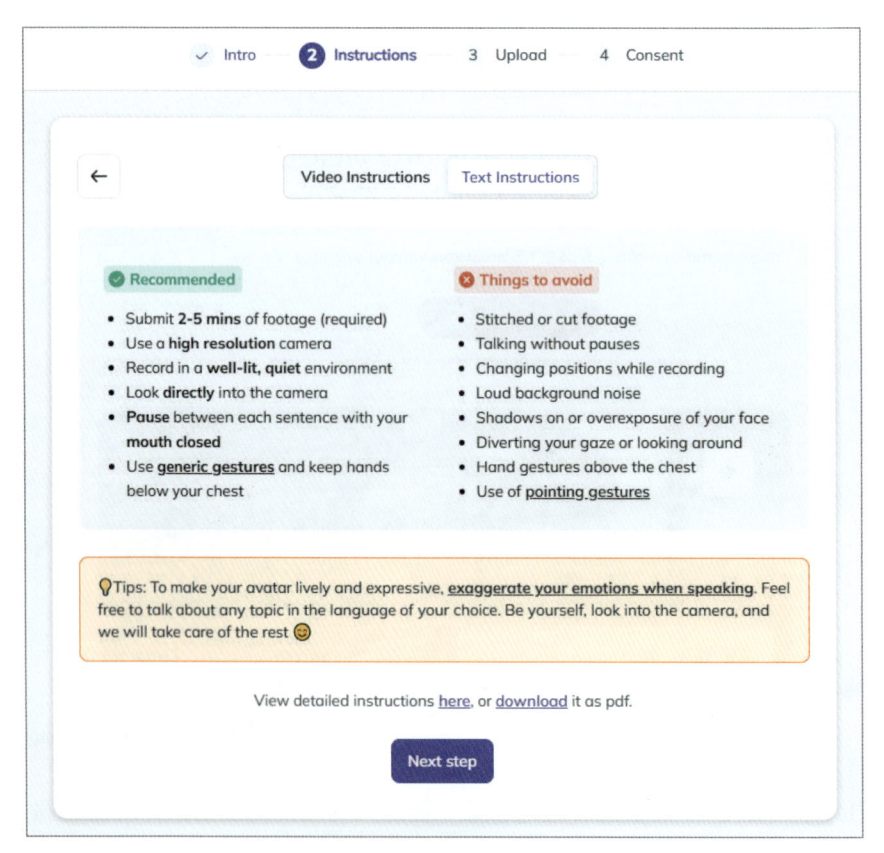

▲圖 8-3　準備影片素材

Step 2：上傳素材至 Heygen 平台

1. 註冊並登入

   前往 Heygen 官網註冊帳號，登入後進入主介面。

2. 上傳影片生成 Avatar

   ・點擊「創建 Avatar」功能，並上傳拍攝好的影片。
   ・填寫 Avatar 的相關資訊（如名稱、語言等）以便管理。
   ・平台會利用先進的深度學習技術，分析影片並生成數位分身。

3. 等待 AI 處理

   根據影片的品質和平台處理速度，生成數位分身的過程可能需要幾分鐘到數小時。

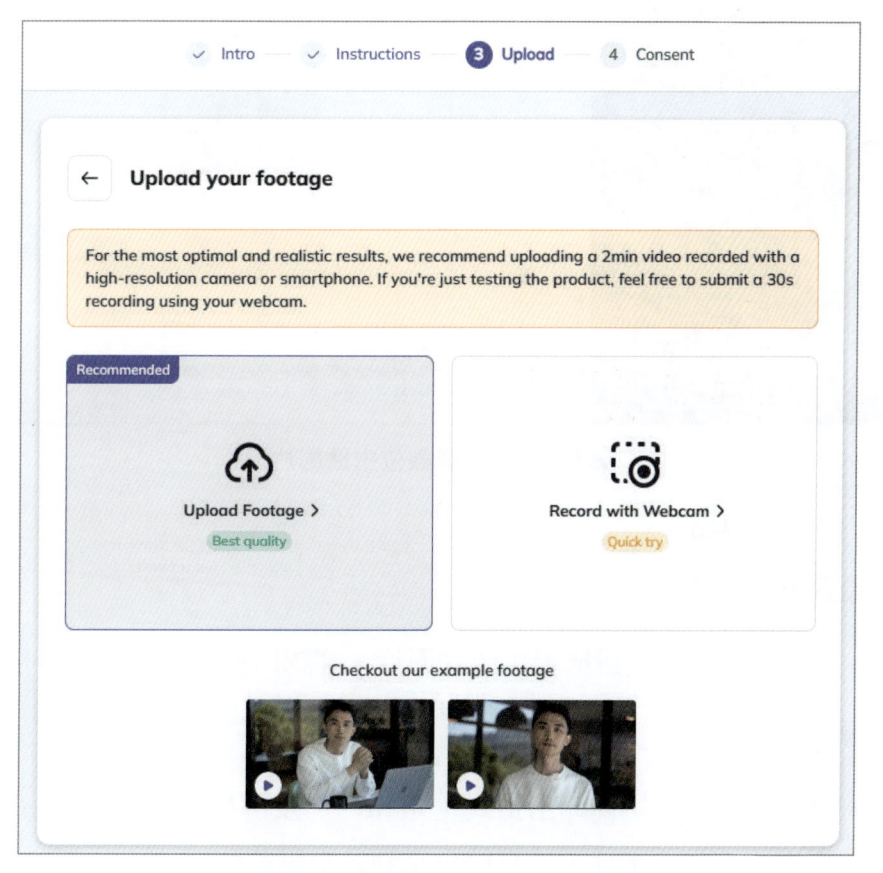

▲圖 8-4　上傳素材至 Heygen 平台

Step 3：創建數位主播影片

1. 撰寫講稿

   - 在數位分身介面中，輸入你希望 Avatar 說的內容。
   - 支援多語言輸入，還能調整語音語氣（如熱情、冷靜、親切等），讓影片更貼合場景需求。

2. 設定語音特徵

   - 使用 Heygen 的內建虛擬語音功能，或者選擇讓數位分身模仿你的聲音。

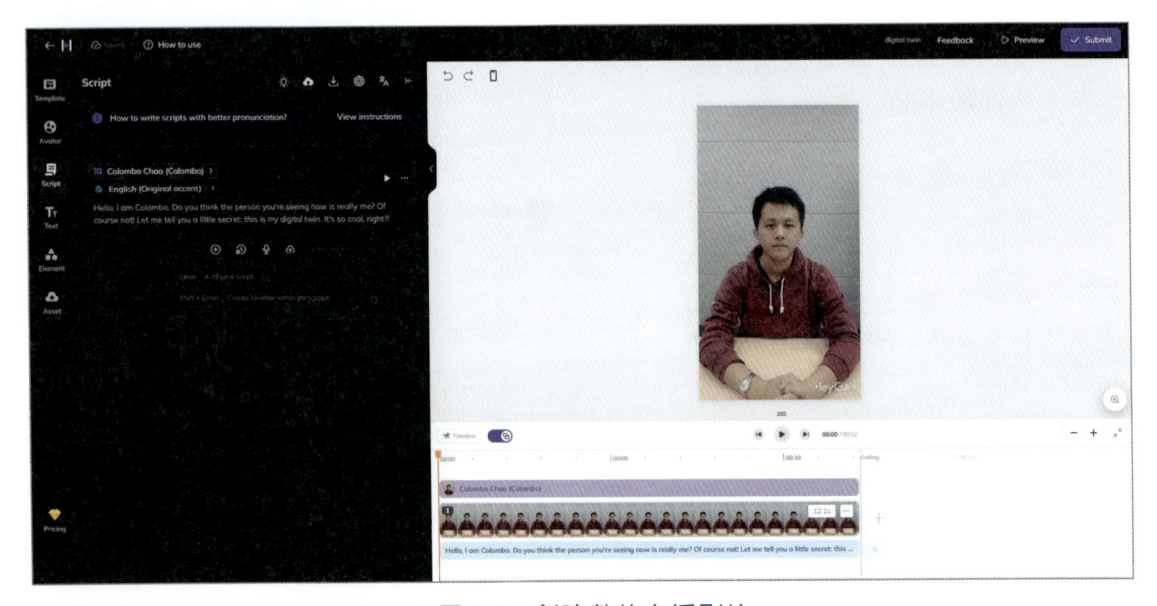

▲圖 8-5　創建數位主播影片

Step 4：預覽與導出

1. 預覽影片效果

   - 點擊「預覽」按鈕檢視生成的影片，確認口型、表情與語音是否同步。

2. 導出成品影片

   - 確認無誤後，選擇輸出格式（如 MP4）及解析度。
   - 將影片下載至本地，或直接分享到社交媒體和網站。

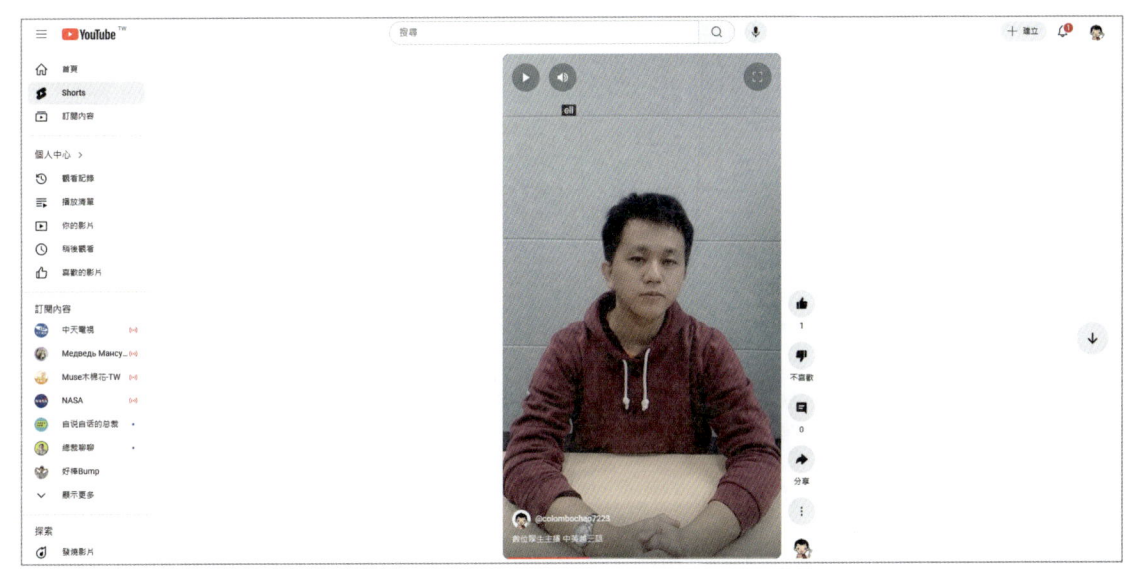

▲圖 8-6　筆者實際產出效果，可參考影片 https://www.youtube.com/shorts/tyn70mmjP-U

8-1.3　數位分身主播的應用場景

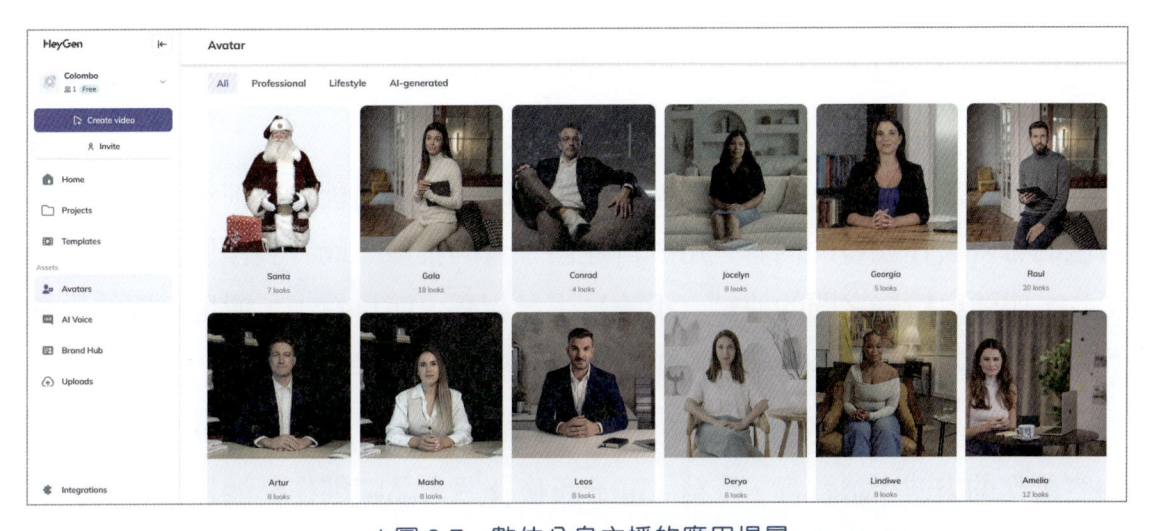

▲圖 8-7　數位分身主播的應用場景

　　Heygen AI 的數位分身功能以其高度擬真的虛擬形象和靈活的內容生成能力，廣泛應用於多種內容創作需求，不僅能提升效率，還能賦予影片更多創意和專業感。在教育與培訓方面，數位分身主播成為一項重要的創新工具。無論是遠距教學還是企業內部的專業培訓，這項技術都能將知識傳遞變得更加高效且引人入勝。例如，教師可以輕鬆製作多語言教學影片，讓不同地區的

學生感受到如真人授課般的臨場感。透過 Heygen 平台，教師能調整分身的表情、語氣，根據課程內容創建更生動的學習體驗。而在企業中，培訓內容經常需要反覆錄製或安排面對面的課程，這不僅耗時，還需要大量資源投入。利用 Heygen 的數位分身技術，企業可以快速生成高水準的培訓影片，並且根據需要隨時更新，顯著降低人力與製作成本。

在行銷與宣傳領域，數位分身主播同樣展現了其獨特的優勢。品牌可以使用分身製作專業的產品演示影片，將複雜的產品功能透過簡單明瞭的方式展現給消費者，增強品牌的市場影響力。同時，在社交媒體內容創作中，分身技術讓行銷人員能快速生成有創意的短片，不僅節省時間，還能提高與受眾的互動效果。由於分身的靈活性，品牌可以針對不同目標受眾，製作多版本的宣傳內容，以更精準地傳遞訊息。

電子商務則是另一個數位分身主播應用的重要場景。如今的消費者越來越重視個性化體驗，而 Heygen 提供的數位分身技術，可以幫助商家創建使用教學或產品解答影片，為消費者提供貼心的服務。例如，當消費者對某項產品的操作感到疑惑時，數位分身可以以親切自然的方式進行解說，大幅提升用戶的購買體驗。

最後，數位分身也為個人品牌打造提供了嶄新的可能性。創作者可以利用自己的分身製作獨特的內容，用於自媒體平台的推廣，或者製作個性化的祝福影片，增強與粉絲之間的連結。不論是生日祝福、節日賀卡，還是專屬的粉絲互動內容，數位分身都能讓個人創作更具吸引力和感染力。

Heygen 的數位分身技術憑藉其靈活性和多樣化的應用，重新定義了數位內容創作的方式，讓教育、行銷、電子商務及個人品牌創作都能以全新的面貌與高效的方式實現目標。

8-1.4 Heygen AI 的優勢

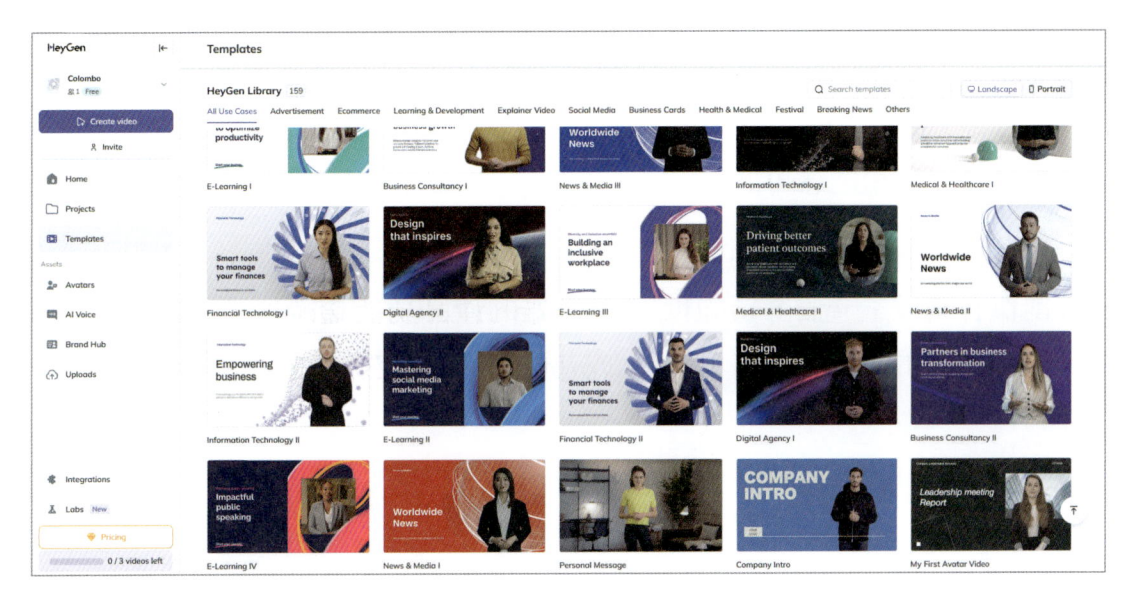

▲圖 8-8　Heygen 的優勢

　　Heygen AI 的數位分身技術以其卓越的自動化流程和靈活的應用範圍，成為數位內容創作的一大突破。其最顯著的優勢之一便是高效的創作流程。從真人素材到數位分身的生成，全程僅需幾分鐘即可完成，整個過程完全自動化，極大地縮短了影片製作的週期。傳統的影片製作往往需要專業團隊的參與，從拍攝到後製耗費大量時間，而 Heygen 的技術讓這一切變得簡單且快速，即使沒有專業背景的用戶也能輕鬆上手。

　　此外，Heygen AI 還支援多語言和多口音的創作需求，這一特性尤其適合全球化的內容製作場景。無論是針對國際市場的產品宣傳，還是多語言的教育課程，Heygen 都能提供自然流暢的語音合成效果，讓內容能夠打破語言的限制，觸及更多受眾。同時，用戶還可以根據需要選擇不同語氣和表情，讓分身更貼近不同文化背景下的表達方式。

　　在成本方面，Heygen 也展現了其明顯的優勢。傳統的真人影片拍攝通常需要場地、設備和多次錄製，而數位分身技術僅需一次性錄製素材便可長期使用。這不僅大幅降低了製作成本，還省去了許多繁瑣的安排，讓用戶能夠將資源集中於內容本身的創意與規劃。

更重要的是，Heygen 的靈活性讓其應用範圍極為廣泛。無論是在教育領域用於製作多語言教學影片，還是在行銷活動中用於產品演示，甚至是在娛樂產業中為內容創作增添個性化元素，數位分身都能提供高水準的解決方案。從教育到行銷，從電子商務到個人品牌，Heygen 的技術無縫融入各種需求場景，為用戶帶來便利和創意可能。

綜合以上特點，Heygen AI 不僅是一款強大的內容生成工具，更是為數位內容創作者開啟了一個全新的世界。高效、自動化、多語言支持、低成本與多場景靈活應用的結合，使得 Heygen 成為提升數位內容創作效率與品質的最佳選擇。

小結

Heygen AI 的數位分身技術為內容創作帶來了全新的可能性。無需專業的設備和團隊，只需一段短影片，即可生成專屬的數位分身並創作生動的口說影片。無論你是教育工作者、行銷專家，還是尋求個性化內容的創作者，Heygen 都是你的理想選擇。

現在就體驗 Heygen AI，讓你的數位分身幫你說話，為你的內容創作注入更多創意與效率！

8-2 腳本批次剪影片

在大量素材的處理中，命令列介面（CLI）工具如 ffmpeg 和 ImageMagick 是高效解決方案，特別適合需要批次處理的任務。然而，CLI 工具對新手而言，其複雜的參數和指令結構常讓人感到卻步。這時，ChatGPT 的輔助作用尤為關鍵。透過 ChatGPT，用戶可以輕鬆生成正確的指令，快速完成自動化處理，如線上課程影片的製作。

8-2.1 CLI 簡介

命令列介面（Command Line Interface, CLI）是一種基於文字指令的操作方式，與 GUI 相比，CLI 能以更高效、更靈活的方式處理多步驟任務。例如，當你需要將數百張圖片壓縮、合併多段影片，或為素材添加特效時，CLI 工具能透過簡單的指令快速完成，而不需要逐一手動操作。

1. ImageMagick

   ImageMagick 是一款開源的圖像處理工具，支持多種格式的圖片轉換與操作。它特別適合用於以下任務：

   - 將 PDF 文件轉換為圖片。
   - 批量壓縮或調整圖片尺寸。
   - 為圖片添加水印或特效。

2. ffmpeg

   ffmpeg 是一款功能強大的多媒體處理工具，用於影片與音訊的轉換、合併、壓縮及特效處理。ffmpeg 的靈活性使其成為影片製作流程中的核心工具，例如：

   - 將多段影片合併為一個檔案。
   - 根據時間長度生成靜態圖片影片。
   - 添加浮水印或進行影片壓縮。

這些工具雖然強大，但對於不熟悉命令列操作的使用者而言，往往因參數過多而難以上手。ChatGPT 則在此提供了重要輔助，幫助用戶生成合適的指令，解釋參數用途，甚至解決執行中的錯誤。

8-2.2 應用場景：線上課程影片的製作

假設我們的目標是製作一段教學影片，將 Heygen 生成的口播影片與投影片結合。透過 ChatGPT，使用者可以清晰描述需求，並獲得完整的處理流程。例如：

1. 拆解投影片 PDF

    生成每頁高解析度的 PNG 圖片。

    > **提問示例**
    >
    > 「如何將 PDF 投影片轉成 300dpi 的 PNG 圖片？」
    >
    > **ChatGPT 回應**
    >
    > bash
    >
    > 複製程式碼
    >
    > ```
    > magick -density 300 slides.pdf slide-%02d.png
    > ```

2. 合併口播影片

    將多段 Heygen 影片合併為完整檔案。

    > **提問示例**
    >
    > 「我有多段口播影片，如何合併成一段影片？」
    >
    > **ChatGPT 回應**
    >
    > bash
    >
    > 複製程式碼
    >
    > ```
    > ffmpeg -f concat -safe 0 -i file_list.txt -c copy output.mp4
    > ```

3. 結合影片與調整布局

   生成包含右下角口播影片與背景投影片的教學影片。

   > **提問示例**
   >
   > 「如何將一段影片縮放後疊加到另一段影片右下角？」
   >
   > **ChatGPT 回應**
   >
   > bash
   >
   > 複製程式碼
   >
   > ```bash
   > ffmpeg -i slides.mp4 -i output.mp4 -filter_complex "[1:v]scale=iw/2:ih/2[fore];[0:v][fore]overlay=W-w-10:H-h-10" -pix_fmt yuv420p -c:v libx264 final-video.mp4
   > ```

8-2.3 實際效果展示

以下是一段基於上述流程製作的線上課程影片：

https://www.youtube.com/watch?v=VMsbXtfYUQU

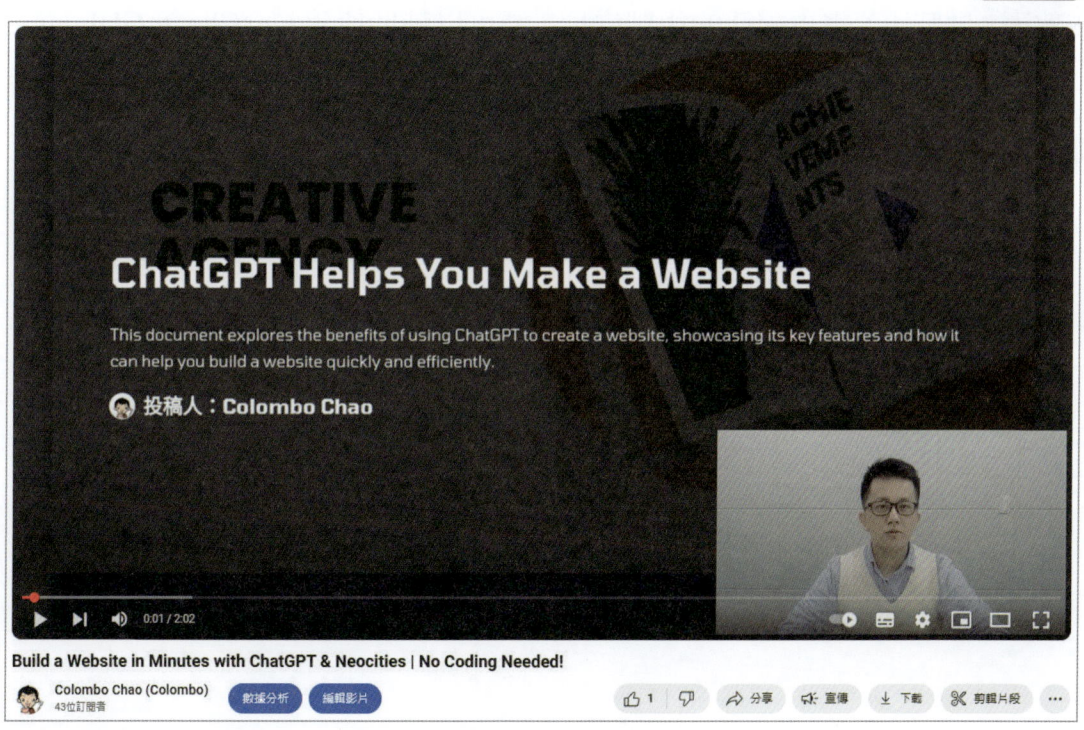

▲圖 8-9　實作範例

影片展現了 Heygen 生成的口播內容與 Gamma 製作的投影片的完美結合，最終以 ffmpeg 合併並完成後製，呈現出專業級的教學效果。

在這個案例中，口播影片是由 Heygen 根據講稿生成，投影片則透過第六章介紹的 Gamma 平台 設計完成，兩者的結合展示了多工具協作的高效性。然而，製作這樣的影片即便有 ChatGPT 輔助，仍會遇到一些技術瓶頸，例如：

- 影片時長的精確匹配：需要根據講稿時長調整投影片的播放時間。
- 格式轉換的相容性問題：不同工具生成的素材在合併時可能需要額外的調整。

若在 ffmpeg 處理時遇到困難，可以考慮使用第七章介紹的 FlexClip 進行簡單的影片裁切與調整。FlexClip 的圖形介面直觀，能快速修正時長不符或素材布局問題，特別適合細節調整的場景。

CLI 工具如 ffmpeg 和 ImageMagick 為大規模內容製作提供了強大支持，結合 ChatGPT 的輔助更能讓這些工具易於上手。儘管製作專業的線上課程影片需要一定的技術實力，但透過這種高效的流程設計，讀者可以快速提升內容創作效率。同時，若需更靈活的後製處理，還可以輔助使用 FlexClip 等 GUI 工具。

對於希望進一步研究的讀者，建議與 ChatGPT 深入討論具體需求，探索更多創作的可能性。

Chapter 8 課後習題

單選題

( ) 1. 下列關於數位分身主播的倫理挑戰，何者為是？
(A) 數位分身的生成不涉及任何倫理問題
(B) 使用數位分身僅需考慮技術限制，無需顧及其他挑戰
(C) Heygen 的技術不會產生與肖像權相關的爭議
(D) 數位分身可能侵犯原型人物的肖像權或隱私。

( ) 2. 下列關於數位分身主播應用場景的敘述，何者為是？
(A) Heygen 可應用於教育影片、行銷內容及電子商務
(B) Heygen 無法生成教學影片，僅支持靜態圖像
(C) Heygen 必須結合專業設備才能生成內容
(D) Heygen 僅適用於娛樂產業的影片製作。

( ) 3. 下列關於數位分身影片製作流程的敘述，何者為是？
(A) 上傳真人影像後，可自動生成多語言分身影片
(B) 分身影片的生成必須手動進行所有過程
(C) 分身影片僅支持預設語言，無法多語言輸出
(D) Heygen 無法模擬真人語音與面部表情。

( ) 4. 下列關於 ChatGPT 在影片處理中的應用，何者為是？
(A) ChatGPT 僅能回答基礎問題，無法生成實際指令
(B) ChatGPT 無法協助處理影片素材或自動化流程
(C) ChatGPT 可生成 ffmpeg 指令，幫助完成批量影片處理
(D) ChatGPT 提供的指令無法直接應用於 CLI 工具。

( ) 5. 下列關於 ImageMagick 的功能敘述，何者為是？
(A) ImageMagick 無法添加水印或調整圖片大小
(B) ImageMagick 僅支援單一格式，無法進行格式轉換
(C) ImageMagick 僅用於靜態圖片的壓縮，無其他功能
(D) ImageMagick 可將 PDF 轉為高解析度圖片，適合批量操作。

(　　) 6. 下列關於數位分身主播在電子商務中的應用，何者為是？
　　　　(A) 數位分身主播無法根據用戶需求訂製內容
　　　　(B) 數位分身主播僅適用於行銷活動，無法應用於教學內容
　　　　(C) 電子商務場景不適合使用數位分身主播技術
　　　　(D) 數位分身主播可製作產品教學影片，提升用戶體驗。

(　　) 7. 下列關於數位分身主播生成過程的技術需求，何者為是？
　　　　(A) Heygen 必須結合高性能設備，無法在線操作
　　　　(B) Heygen 可自動分析短影片，生成高擬真的虛擬分身
　　　　(C) 數位分身的生成過程完全依賴人工調整參數
　　　　(D) Heygen 無法處理語音與表情的同步。

(　　) 8. 下列關於 CLI 工具使用中的潛在問題，何者為是？
　　　　(A) ChatGPT 無法提供有效的 CLI 指令協助
　　　　(B) CLI 工具不會產生任何使用上的困難
　　　　(C) 使用 CLI 工具不需要學習任何參數或結構
　　　　(D) 對新手而言，複雜的指令結構可能造成學習門檻。

(　　) 9. 下列關於 ffmpeg 的功能敘述，何者為是？
　　　　(A) ffmpeg 無法處理多媒體素材中的音訊部分
　　　　(B) ffmpeg 的指令僅適用於 Windows 系統
　　　　(C) ffmpeg 支援影片的合併、壓縮及格式轉換
　　　　(D) ffmpeg 僅能處理靜態圖像，無法操作影片素材。

(　　) 10. 下列關於 Heygen AI 與 ffmpeg 結合的應用，何者為是？
　　　　(A) ffmpeg 只能處理靜態圖像，無法操作影片素材
　　　　(B) 可快速將多段 Heygen 影片合併為完整影片檔案
　　　　(C) Heygen 無法與 CLI 工具協作完成影片處理
　　　　(D) 使用 Heygen 時，無法進行影片的壓縮與格式轉換。

附錄 A

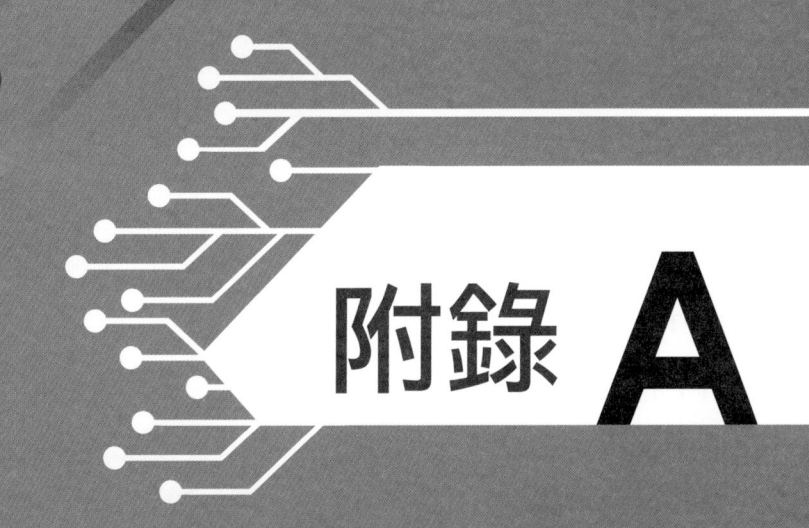

AIGC 平台付費方案推薦

AIGC 平台付費方案推薦

以下整理 ChatGPT、Gamma、Heygen 等三個平台的付費方案內容，以及解析甚麼樣的使用者適合何種方案。

1. ChatGPT

ChatGPT 的 Plus 方案每月 $20 美元，適合需要更高效能與功能的個人使用者。此方案提供對 GPT-4o 模型的存取，並支援語音輸入、圖像理解與生成、進階資料分析等功能。用戶還可優先體驗 OpenAI 推出的新功能，享有比免費用戶更快、更穩定的使用效能，非常適合用於內容創作、學習輔助與日常工作效率提升。

ChatGPT 的 Pro 方案每月 $200 美元，為專業人士與高階用戶設計，提供無限制存取 GPT-4o 模型與專屬的 o1-pro 模式，適合處理大型資料、進行高強度運算與複雜技術應用。此方案支援更高效的語音合成、語音影片功能，並計劃整合更多進階工具如網頁瀏覽與檔案處理，是科研人員、工程師與企業用戶的不二選擇。

▲附 A-1　ChatGPT 收費方案

2. Gamma

Plus 方案 每月 $8 美元（年付 $96 美元），針對需要更高效功能的用戶，特別是在內容生成和設計方面。該方案提供無限制的 AI 創作、更進階的 AI 影像生成功能，並移除「使用 Gamma 製作」的水印。用戶可生成最多 15 張卡片，相較於免費方案有更多的創作自由。此方案推薦給需要進行專業內容創作並提升品牌形象的**個人創作者**或**小型團隊**。

Pro 方案 每月 $15 美元（年付 $180 美元），為進階用戶和企業設計。它包含 Plus 方案的所有功能，並額外提供每個月 25,000 AI 代幣、獨立的自訂域名和 URL、高階分析、自訂字型以及密碼保護功能。該方案支持生成最多 30 張卡片，適合需要更專業設計和分析工具的**企業**或**創作者**，尤其是在高效處理大量內容時。

▲附 A-2　Gamma 付費方案

3. Heygen

Heygen 的 Creator 方案 每月 $29 美元，為**個人創作者**量身訂製，特別適合需要生成短影片的用戶。該方案允許用戶生成無限制的影片（長度最高 5 分鐘），並支援 1080p 輸出。同時還包含移除水印、快速處理和品牌設置功能，非常適合自媒體經營者或短影片製作者，專注於快速、高水準的內容生成。

Heygen 的 Team 方案每席位每月 $89 美元，是專為**團隊和企業**設計的高階方案。除了支持生成更長影片（最高 30 分鐘）外，每席位還提供自訂影片角色和互動角色功能，並支援多用戶工作區和角色權限管理。此外，它還包含加速處理功能，非常適合需要協作創作高水準品牌影片的團隊或企業用戶。

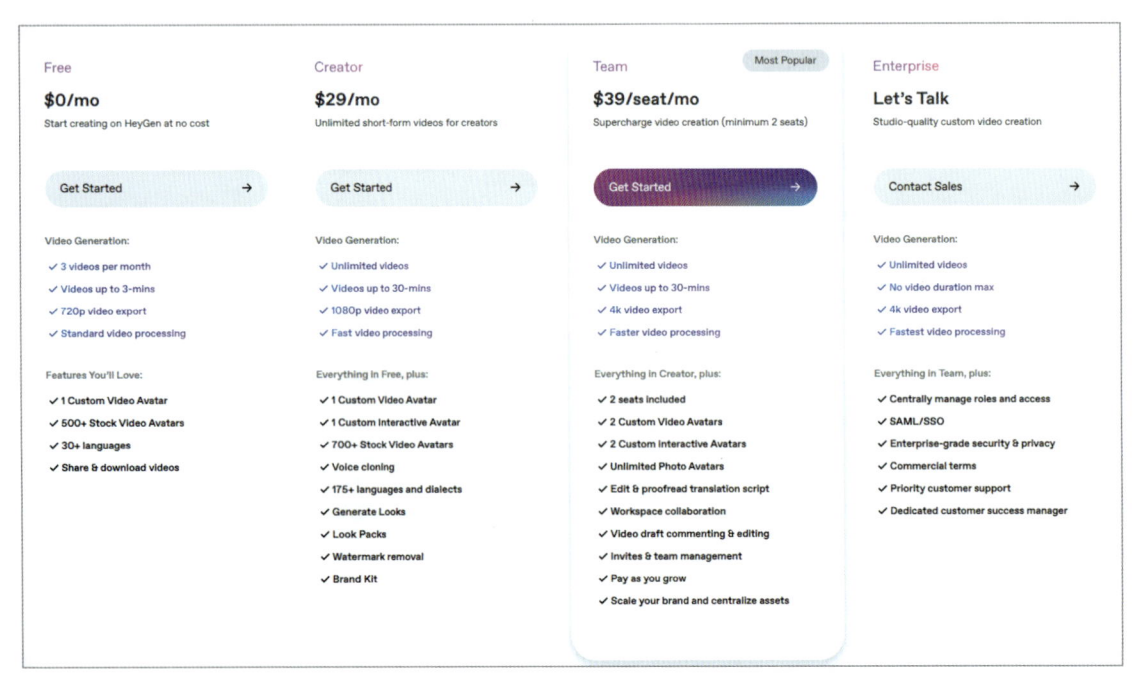

▲附 A-3　Heygen 付費方案

附錄 B

ChatGPT IO 與 Agent 剖析：從工具到夥伴

ChatGPT IO 和 ChatGPT Agent 是基於 OpenAI 技術的進化應用，突破了傳統 AIGC 的界限，逐步邁向成為智慧合作夥伴的新階段。這兩者在功能深度、場景廣度和應用靈活性上，帶來了前所未有的創新，成為用戶在專案協作、創作和技術解決方案上的最佳助力。

1. 什麼是 ChatGPT IO 和 ChatGPT Agent？

與早期的 GPT 模型（如 GPT-3、GPT-4）相比，ChatGPT IO 和 Agent 不僅僅專注於生成高品質的內容，而是通過更強大的互動能力和工具整合，實現了以下幾個關鍵進步：

(1) 持續性與記憶性：

- ChatGPT IO 能長期跟蹤用戶的專案進度，記住上下文，提供高度個性化的建議。
- ChatGPT Agent 則專注於快速解決問題，通過插件執行特定任務，無需額外人工干預。

(2) 多功能整合：

- IO 以規劃與創意為核心，適合教學、創作、項目管理。
- Agent 整合工具（如瀏覽器、程式碼執行器等），適合需要即時處理多步驟操作的技術專業場景。

(3) 智慧合作夥伴定位：

- 這兩者的設計核心不再僅僅是「工具」，而是可以根據用戶需求，提供持續的高效輔助和多維度解決方案。

2. ChatGPT IO：專注於長期協作的智慧助手

(1) 核心特點：

- 長期協作與定制化建議：
  ☆ IO 能記住用戶的目標、偏好和專案背景，適合需要連續性協助的情境。
  ☆ 例如，教育工作者在設計教材或教案時，IO 能根據既定目標和過去的內容提出進一步的優化建議。

(2) 創意與策略規劃能力：

- IO 不僅能生成內容，還能幫助用戶拆解問題、規劃任務。
- 適合需要將大型專案分解為可執行階段的人士，例如創業者或項目經理。

(3) 靈活適應不同角色：

- IO 能根據用戶需求，扮演技術顧問、課程設計師、創意策略師等角色，提供全方位輔助。

3. 適用場景

(1) 教育與課程開發：

- 幫助教師設計基於科技的互動課程（例如 Blockly 的圖形化程式教學）。
- 生成範例問題、練習題及學生評估報告。

(2) 專案管理與策略支持：

- 協助拆解專案目標，提供多步驟規劃，追蹤進度並提出改進建議。
- 在產品開發中充當創意和策略夥伴。

(3) 創作者輔助：

- 協助撰寫腳本、創建故事情節，或提供靈感啟發，適合內容創作者和設計師。

4. ChatGPT Agent：即時解決方案專家

(1) 核心特點：

- 工具整合與即時執行：
  ☆ Agent 配備多種插件功能，包括瀏覽器、Python 執行器、文檔處理器等，能執行跨應用任務。
  ☆ 舉例來說，Agent 可以即時抓取網頁資訊、分析數據並生成報告，適合高頻率的任務需求。

(2) 多步驟操作能力：

- 能執行由多個任務組成的複雜工作流，無需額外干預。例如，通過瀏覽器搜索，結合 Python 分析數據，然後生成完整的可視化報表。

(3) 高效解決問題：

- Agent 的任務導向設計使其在處理技術問題、程式碼錯誤和數據分析時尤為強大。

5. 適用場景

(1) 技術支持與軟件開發：

- 適合需要編寫程式碼、調試或自動化處理的工程師。
- 可用於創建測試環境、執行腳本或檢查程式碼漏洞。

(2) 數據驅動決策：
- 對於需要即時分析市場數據的商業決策者，Agent 能快速處理資料並提供結論。

(3) 研究與資訊檢索：
- 幫助研究人員進行文獻查詢、競爭分析，或整合大量分散的資訊。

6. ChatGPT IO 與 ChatGPT Agent 的對比

特性	ChatGPT IO	ChatGPT Agent
主要用途	長期協作，規劃與創作支持	即時任務執行，多工具整合
適用對象	教育工作者、創作者、項目經理	技術專業人士、研究人員、企業團隊
核心功能	持續性建議、策略規劃、靈感輔助	資料抓取、程式碼執行、多步驟操作
長期記憶	有高度個性化和上下文記憶能力	主要針對單次任務，記憶性較低
適合任務	設計課程、專案規劃、靈感啟發	資料分析、技術開發、自動化處理

(1) 如何選擇這兩者？

ChatGPT IO 和 Agent 各有優勢，選擇哪一種工具取決於你的需求：
- 如果你需要創意支持和持續協作：
  ☆ IO 是更好的選擇，能為長期項目提供策略性幫助，特別適合教育、內容創作和專案管理。

(2) 如果你需要即時完成技術任務或數據分析：
- Agent 是理想的選擇，特別是在需要工具整合和多步驟解決方案的場景中。

7. 未來的智慧合作夥伴

ChatGPT IO 和 ChatGPT Agent 的出現代表了 AI 應用的最新進展，它們突破了傳統生成式工具的範疇，成為更智慧、更個性化的合作夥伴。作為目前最新的應用形式，它們為用戶在專業工作與創作探索上提供了全新的可能性。

筆者也正在深入摸索這兩個智慧助手的潛力，發現它們在不同場景中的表現令人驚喜。同時，我也邀請各位讀者一同來體驗這些嶄新的 AI 工具。透過實際應用，您將能更直觀地感受到 AI 如何以全新的方式改變我們的生活與工作，並發現最適合自己需求的智慧合作模式。

這是一個探索與學習的過程，讓我們一起挖掘 AI 的無限可能！

附錄 C

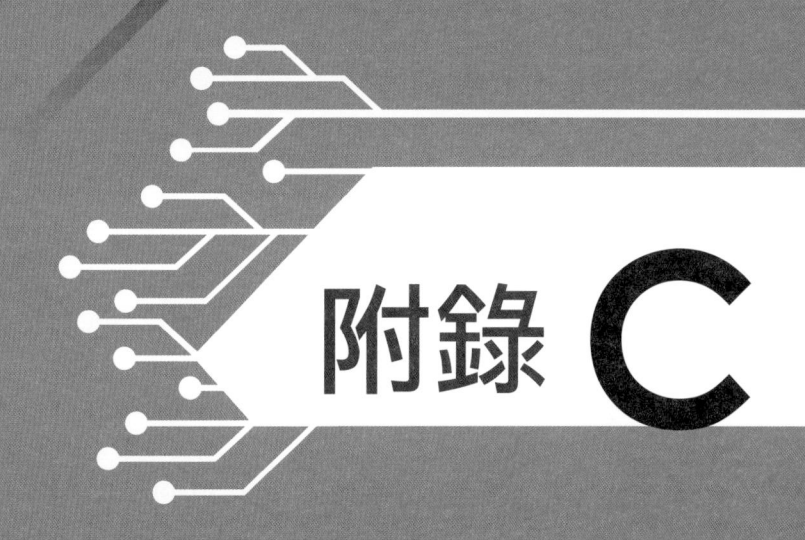

課後習題簡答

課後習題簡答

Chapter 1

1. (A)　2. (A)　3. (B)　4. (A)　5. (D)
6. (D)　7. (A)　8. (B)　9. (C)　10. (C)
11. (D)　12. (C)　13. (A)　14. (D)　15. (B)
16. (B)　17. (B)　18. (A)　19. (A)　20. (C)
21. (C)　22. (A)　23. (A)　24. (C)　25. (C)
26. (D)　27. (D)　28. (A)　29. (D)　30. (D)

解析

1. 會議中的目標不包含「進行日常飲食」。
2. 會議中的目標包含「能夠自我改進」，但不包括執行家務和模仿人類情緒。
3. 目前強人工智慧尚無法模仿人類情感。
4. 掃地機器人不具備情感功能。
5. 人工智慧廣泛應用於自然語言處理，但錢幣設計和人類生物感知不是常見AI應用。
6. 強人工智慧的目標是自主學習和解決複雜問題。
7. 人工智慧的挑戰主要在於偏見和倫理問題，而不是技術增長。
8. 第一次人工智慧浪潮失敗的原因是當時電腦效能較低。
9. 生成對抗網路(GAN)的主要應用包括自動生成圖片和創意內容，而非網頁設計或金融分析。
10. 人口增長與AI的倫理挑戰無直接關聯。
11. K均值聚類屬於無監督學習演算法。
12. 機器學習被應用於金融風險評估等大數據場景。
13. 強化學習不需要標記數據。
14. 卷積神經網路最適合處理圖像數據，而非處理文本或時間序列數據。
15. 神經網路最常應用於圖像識別，模仿人腦神經系統運作。
16. 深度學習通常需要大量數據和高效能的計算資源。
17. 生成對抗網路（GAN）由兩個神經網路組成：生成器（Generator）負責產生看起來像真的資料，而判別器（Discriminator）負責判斷輸入資料是真是假。兩者在訓練過程中互相競爭，最終使生成器能產生極為逼真的資料，如假圖片、假聲音等。這是一種深度學習技術，常用於影像生成、風格轉換等應用。
18. 卷積神經網路不適合處理文本數據。
19. 深度學習的核心技術是神經網路，尤其是多層神經網路。
20. 強化學習可應用於自動駕駛系統中的決策過程。
21. 像是AI美顏、虛擬換臉、照片變漫畫風、虛擬人物合成等功能，常常都是利用生成對抗網路（GAN）來實現。GAN能讓電腦學會產生「看起來像真的」圖片，是目前影像合成與風格轉換常見的核心技術。
22. GPT-3是專門用於文本生成的AI工具。
23. 自動駕駛是AI技術的重要創新應用之一。
24. AI生成內容技術可以用於自動生成圖像、音樂和文本。
25. 這種「文字轉圖片」的功能，常見於如DALL‧E、Midjourney等AI藝術平台，它們的背後技術常基於GAN或擴散模型（Diffusion Models）。GAN特別擅長生成高擬真的圖片，因此是這類應用的關鍵技術之一。
26. 計算資源過高並不被視為倫理問題。
27. 公平性與透明度是人工智慧倫理中的關鍵問題。
28. 電腦效能不屬於人工智慧的倫理問題。

29. 社會公平與平等是在人工智慧應用中，倫理層面需要重視的原則。
30. 「科技奇點」標誌著 AI 技術超越人類智慧，帶來劇烈變革。

Chapter 2

1. (B)　2. (B)　3. (C)　4. (A)　5. (D)
6. (A)　7. (C)　8. (C)　9. (A)　10. (B)
11. (D)　12. (C)　13. (B)　14. (D)　15. (B)
16. (A)　17. (C)　18. (C)　19. (C)　20. (C)
21. (B)　22. (A)　23. (D)　24. (A)　25. (C)
26. (B)　27. (C)　28. (A)　29. (B)　30. (A)

解析

1. 這個情境顯示 ChatGPT 不只用於課業，還能根據使用者需求，規劃生活中的實用資訊，例如旅遊行程、美食推薦、交通安排等，提供像朋友一樣的即時協助。
2. ChatGPT 的核心技術是 Transformer 架構，用於處理語言序列數據。
3. ChatGPT 能協助使用者快速整理與生成文字內容，是撰寫報告與蒐集資料的好幫手。透過簡單的問題輸入，它可以提供結構化的知識點，協助學生更有效地準備作業。
4. ChatGPT 的訓練數據更新到 2023 年 10 月。
5. ChatGPT 是由 OpenAI 所開發的語言模型，屬於一種大型語言模型（LLM），其核心是「Transformer」架構。這種模型擅長理解語境與生成自然語言，因此能進行流暢對話、回答問題、甚至創作文章。CNN 通常用於影像處理、RNN 曾用於語音與語言處理但已較少用、GAN 則多用於生成圖片，不是 ChatGPT 的基礎。
6. 使用授權數據進行訓練能降低版權爭議與倫理風險。
7. ChatGPT 無法分析視覺內容，如圖片和影片。
8. 與 ChatGPT 溝通時，越具體的指令越能產出符合需求的內容。說明「用途（辯論稿）」、「立場（支持環保）」、「長度」等條件，可以大幅提高回答的精準度。
9. ChatGPT 無法預測未來事件或分析圖片和影片。
10. ChatGPT 無法即時更新知識庫，生成內容基於訓練數據。
11. GAN（生成對抗網路）是一種常用的圖像生成技術，能生成逼真的圖像。
12. 未來的 AIGC 技術將能生成更符合人類文化與情感的創作內容。
13. MidJourney 主要通過 Discord 頻道進行操作。
14. Stable Diffusion 可以在本地運行，並支持自定義圖像生成參數。
15. AIGC 技術能自動生成圖片與行銷素材，大大降低拍攝、模特聘用、場景設計等傳統行銷成本，並可快速產出大量多樣化內容，是現今電商與品牌常用的高效率策略。這正是 AIGC 在商業上的一大優勢。而選項(C)「避免使用真實顧客照片的版權爭議」確實是 AIGC 的潛在附加好處之一，但不是主要或最具商業價值的應用。一般品牌在行銷中使用的模特照片，通常都是經過授權或自己拍攝，所以不太會使用「真實顧客照片」來當正式素材。使用 AIGC 並不是為了「避免用顧客的圖」，而是為了取代昂貴、耗時的商業攝影流程。所以，選項(C)描述的是一個「次要效果」或「可能的情境」，不是企業選擇 AIGC 的主因。
16. MidJourney 無法本地運行，只能通過雲端服務進行操作。

17. DALL·E 無法即時從網路上獲取資料，它依賴預訓練數據進行生成。
18. Stable Diffusion 可以在本地安裝運行，不需要強制使用雲端服務。
19. Bing Image Creator 基於 DALL·E 技術，而非 MidJourney 技術。
20. Canva 使用 Stable Diffusion 技術進行圖像生成，而非 MidJourney。
21. AIGC 技術能生成個性化的行銷內容，但無法完全取代專家或進行市場管理。
22. AIGC 技術可以幫助自動生成教學材料和學習輔助工具，但無法取代教師授課或批改作業。
23. AIGC 技術能自動生成故事和角色設計，但無法自動拍攝或導演電影。
24. AIGC 技術可以提升醫學影像解析度，但無法自動進行手術或診斷。
25. ChatGPT 雖然強大，但也可能產生錯誤資訊。良好的使用者應具備判斷力，懂得查證、交叉比對，而不是全盤接受或完全否定。這也是培養 AI 素養的重要一環。
26. AIGC 技術無法完全取代導演進行電影拍攝，但能輔助生成角色設計和劇本初稿。
27. 這個情境屬於 AIGC 在「自然語言生成」方面的應用。透過大型語言模型，AI 能理解使用者的問題並產出有邏輯、流暢、禮貌的文字回應，這在智慧客服、知識庫系統、甚至教育輔助中都越來越常見。這正是文字型 AIGC 的典型商業用法之一。
28. AIGC 技術能根據學生需求生成個性化學習內容，但無法取代教師的即時互動。
29. AIGC 技術能創作虛擬角色和動畫場景，但無法完全取代編劇或自動生成票房預測。
30. AIGC 無法自動進行診斷或手術操作，但可以生成病患報告和提升醫學影像解析度。

Chapter 3

1. (D)　2. (D)　3. (C)　4. (A)　5. (C)
6. (C)　7. (D)　8. (B)　9. (C)　10. (C)
11. (C)　12. (C)　13. (C)　14. (D)　15. (C)
16. (A)　17. (A)　18. (A)　19. (D)　20. (C)
21. (B)　22. (C)　23. (B)　24. (B)　25. (A)
26. (A)　27. (D)　28. (A)　29. (A)　30. (B)

解析

1. 循環神經網路（RNN）能夠處理序列數據，因為它們可以記憶之前的輸入，適合於需要考慮上下文關係的語音合成任務。
2. Tacotron 是由 Google 開發的開源文本到語音（TTS）合成模型，基於深度學習技術。
3. Tacotron 的特點包括使用 RNN 和注意力機制、能生成接近真人的語音，且是開源的。然而，它並非主要用於音樂創作。
4. AIVA 是一個專注於音樂創作的 AI 工具，能自動生成不同風格的音樂作品。
5. MusicLM 是 Google 開發的 AI 工具，能根據用戶的文字描述生成符合特定風格的音樂。
6. Siri 是蘋果公司的虛擬語音助理，具備先進的語音生成功能。
7. 增加神經網路的層數和參數量可以讓模型學習到更豐富的特徵，從而提升語音生成的品質。
8. 音位連接的平滑性影響語音的連續性和自然度，平滑的音位連接使合成語音更接近真人發音。
9. 情感合成是使用 AI 技術生成帶有情感表達的語音，使得語音更加生動、有感染力。

10. 減少訓練時間通常會降低模型的性能和語音品質，因此並非提高語音品質的有效方法。
11. 生成對抗網路（GAN）通過生成器和判別器的對抗訓練，能夠生成高品質的影片和圖像。
12. Transformer 模型採用自注意力機制，能更有效地處理長期時間依賴，適合生成長片段的影片。
13. Gen-2 是 Runway AI 推出的工具，能夠將文字描述轉換為影片。
14. Pictory 能夠將部落格文章、新聞稿等文字內容自動轉換為影片。
15. Elai 是一個平台，允許用戶僅通過輸入文本來創建帶有虛擬人類解說的影片。
16. FlexClip 提供多樣化影片模板和快速影片生成功能，適合需要靈活選擇工具的使用者。
17. AI 影片生成技術主要應用於視覺效果和特效製作，並不涉及自動生成劇本情節。
18. AI 影片生成工具可以使用 AI 語音合成，節省聘請配音員的成本。
19. 提高影片價格不是技術挑戰，真正的挑戰包括影片品質、資源需求和法律倫理問題。
20. 開發更高效的聲碼器屬於語音合成領域，不是 AI 影片生成技術的主要發展方向。
21. AIGC 技術能夠自動生成逼真的虛擬場景和角色，提升影片製作效率。
22. AIGC 技術可用於快速生成高品質的產品宣傳影片，節省時間和成本。
23. 虛擬客服影片能自動回答客戶問題，提供個性化服務，提升客戶體驗。
24. AIGC 技術不涉及編寫法律文件，其應用主要在於內容生成和發布。
25. AIGC 技術可自動生成教學影片，提升教學資源的可及性和效率。
26. AIGC 技術能自動生成與音樂匹配的影片，豐富娛樂內容。
27. AIGC 技術需要大量計算資源，且需確保生成內容的真實性和倫理性。
28. 未來 AIGC 技術將繼續優化，降低應用門檻，讓更多人受益。
29. 新聞與媒體產業利用 AIGC 技術生成多語言影片，擴大全球受眾。
30. 虛擬主持人能提升影片吸引力，同時降低聘請真人的成本和時間。

Chapter 4

1. (D) 2. (C) 3. (D) 4. (A) 5. (D)
6. (A) 7. (C) 8. (C) 9. (D) 10. (A)
11. (D) 12. (A) 13. (D) 14. (D) 15. (A)
16. (D) 17. (C) 18. (D) 19. (A) 20. (B)
21. (A) 22. (A) 23. (C) 24. (C) 25. (A)
26. (D) 27. (A) 28. (A) 29. (D) 30. (A)

解析

1. GitHub Copilot 是由 GitHub 和 OpenAI 合作開發的 AI 工具，專為程式開發者設計。它能夠根據開發者在編輯器中的當前上下文，自動提供程式碼建議和補全。
2. ChatGPT 利用自然語言處理（NLP）和機器學習（ML）技術，能夠理解開發者以自然語言表達的需求，並生成對應的程式碼。
3. Kite 是一個基於 AI 的程式碼自動完成工具，支持 Python、JavaScript 等語言，能夠提供即時的程式碼建議和錯誤提示。
4. 目前的 AI 模型對於大型項目中複雜的程式碼依賴關係理解有限，可能無法準確處理，從而生成不符合預期的代碼。

5. AI 模型可能在生成程式碼時，無意中複製訓練數據中受版權保護的程式碼片段，可能引發法律問題。
6. 未來的工具將具備更強的上下文理解能力，能夠更好地理解大型項目的架構和依賴關係，生成更高質量的程式碼。
7. 開發者需要提升架構設計能力，專注於系統設計、模組劃分等高層次的工作，適應 AI 工具的輔助。
8. 由於模型可能重複訓練數據中的錯誤模式，或忽略安全最佳實踐，可能導致生成的程式碼存在錯誤或漏洞。
9. 開發者需要學會如何有效地與 AI 工具互動，理解何時信任工具的建議，何時需要自行判斷。
10. AI 工具可以建議更好的變數命名、函式拆分，以及優化演算法的實現，使代碼更加清晰易懂。
11. 未來，AI 工具將能夠自動化地進行代碼審查，發現潛在問題，並提供修復建議。
12. AI 模型對於大型項目中的複雜依賴關係可能理解有限，導致生成的代碼不符合預期。
13. AI 模型能夠根據程式碼自動生成相應的註解，甚至是完整的文檔，提升代碼的可維護性。
14. 未來的 AI 工具將更加注重安全性，通過引入安全檢查機制，避免生成含有漏洞的代碼。
15. 深度整合後，AI 工具能夠提供即時的建議和分析，提高開發效率，減少在不同工具之間切換的時間成本。
16. AI 工具可以協助識別程式碼中的語法錯誤、邏輯漏洞或資源洩露等問題，並提供修復建議。
17. TabNine 支持超過 20 種編程語言，可以學習開發者的編碼風格，提供個性化的程式碼建議。
18. DataRobot 是領先的自動化機器學習平台，旨在加速數據科學項目的開發和部署。
19. H2O.ai 是一個開源的機器學習平台，提供自動化機器學習（AutoML）和深度學習工具。
20. 基於雲端的機器學習工具面臨的主要倫理挑戰包括數據隱私和數據保護問題，設計困難和模板選擇並非倫理問題。
21. Google Cloud AutoML 是一套自動化機器學習產品，支持多種數據類型，讓開發者輕鬆訓練高質量的模型。
22. 資料隱私與安全是首要問題，敏感數據在上傳到雲端時，可能面臨安全風險。
23. 這些工具降低了數據分析的門檻，提升了效率，並為非專業人士提供了利用數據的能力。
24. 未來將強化人機協作，結合人類的專業知識與 AI 的計算能力，實現更高效的數據分析。
25. AI 工具可以協助資料預處理，包括處理缺失值、正規化等，提高數據質量。
26. 這些工具利用自動化機器學習（AutoML）技術，自動化模型構建、訓練和部署，降低了使用門檻。
27. AI 模型可能繼承訓練數據中的偏見，需要對模型進行審查和調整，減少不公平性。
28. 不同的 AIGC 工具可能使用不同的編程語言、框架和數據格式，導致技術相容性問題。
29. AI 模型可能在生成內容時，無意中複製訓練數據中受版權保護的內容，可能引發法律問題。

30. 未來的 AIGC 系統將具備更強的理解和創造能力，能夠在不同領域靈活應用，處理更複雜的任務。

Chapter 5

1. (C)　2. (B)　3. (A)　4. (D)　5. (B)
6. (C)　7. (D)　8. (A)　9. (C)　10. (A)

解析

1. HTML 是用來定義網頁內容與結構的基礎技術，例如段落、圖片等。
2. AIGC 工具可以同時生成文字內容和圖像，適合用於創作繪本。
3. TinyPNG 是專門用於圖片壓縮的工具，可以有效減少圖片檔案大小。
4. SpeechSynthesis API 是現代瀏覽器內建的功能，可以實現文字轉語音功能。
5. 在網頁開發過程中，整理圖片並調整其大小與壓縮是提升性能的必要步驟。
6. JavaScript 是讓網頁具備互動功能的技術，例如按鈕點擊後彈出提示框。
7. Neocities 是一個友善初學者且免費的平台，用於建立和發布個人網站。
8. 調整圖片大小並壓縮檔案是提升網頁性能的最佳做法，寬度 800px 是常見標準。
9. 正確的指令應明確指出需要生成 HTML 文件的基本結構，例如標題和段落。
10. 使用 AIGC 工具時，需確保生成內容不涉及侵犯版權的問題，應選用授權的數據來源，避免引發法律或倫理爭議。

Chapter 6

1. (C)　2. (C)　3. (A)　4. (B)　5. (C)
6. (D)　7. (C)　8. (A)　9. (A)　10. (D)

解析

1. Tactiq 是專為 Google Meet 設計的轉錄工具，能即時記錄發言文字，其餘選項均與事實不符。
2. Tactiq 的功能依賴 Google Meet 的即時字幕，其他選項錯誤，例如 Tactiq 無需下載額外文件即可使用。
3. Napkin AI 的主要功能是將筆記視覺化為資訊卡片並建立網狀關聯，其餘選項不符合工具特點。
4. Gamma 的特色是快速生成簡報結構，並提供豐富的模板設計，其餘選項均錯誤。
5. Napkin AI 的視覺化功能能生成心智圖或流程圖來整理資訊，其餘選項不符合實際功能。
6. Gamma 專為自動化簡報生成設計，提供靈活的編輯功能和模板選擇，其他選項側重於傳統簡報或互動式展示功能。
7. Tactiq 支援將完整轉錄內容匯出為 PDF 或 TXT 檔案，其餘選項均錯誤。
8. Napkin AI 擅長整理筆記並視覺化為網狀結構圖，其餘選項與功能不符。
9. 即時記錄的便利性可能導致隱私問題，尤其在未經與會者同意的情況下，可能侵犯其合法權益。其餘選項偏離實際功能挑戰。
10. Gamma 能使用 AI 生成圖片或從 Unsplash 圖庫中導入圖片，其他選項與事實不符。

課後習題解答

Chapter 7

1. (C)　2. (B)　3. (D)　4. (C)　5. (B)
6. (B)　7. (A)　8. (B)　9. (B)　10. (B)

解析

1. ChatGPT 可快速生成完整的故事框架，包括角色設定、情節發展與分鏡腳本，提升創作效率。
2. Luvvoice 支援多語言語音生成，且可調整音色與語速，是一款實用的文字轉語音工具。
3. Genmo AI 可根據具體的文字描述生成短動畫，並支持用戶根據需求重新調整描述。
4. FlexClip 是直觀易用的線上工具，適合初學者和專業創作者用於快速剪輯與整合影片。
5. ChatGPT 可生成與影片主題匹配的 SEO 標籤，有助於提升影片在搜索結果中的曝光度。
6. ChatGPT 能撰寫詳細且引人注目的影片說明，並結合關鍵字提升 SEO 效果，吸引更多觀眾。
7. 分鏡腳本是影片製作的基礎工具，可清晰規劃情節與鏡頭設計，提升創作效率。
8. ChatGPT 能在創作各階段提供幫助，包括故事規劃、腳本設計與 SEO 優化。
9. AIGC 工具生成的封面可能涉及使用已版權保護的素材，因此需要謹慎審查以避免版權爭議。
10. AI 工具的快速發展可能對創意產業帶來就業壓力，尤其是在低門檻創作中，這引發了創作者的就業倫理問題。

Chapter 8

1. (D)　2. (A)　3. (A)　4. (C)　5. (D)
6. (D)　7. (A)　8. (D)　9. (C)　10. (B)

解析

1. 數位分身技術可能因模仿原型人物的語音與影像而涉及肖像權及隱私問題，需謹慎處理，避免法律風險。
2. Heygen 的數位分身技術適用於多種場景，包括教育內容、行銷推廣和電子商務，能夠靈活生成高品質影片，滿足不同需求。
3. Heygen 可根據用戶上傳的真人影像自動生成多語言影片，支持個性化語音與表情調整，提升內容創作靈活性。
4. ChatGPT 能根據用戶需求生成複雜的 ffmpeg 指令，並解釋其用途，大幅降低 CLI 工具的使用門檻，適合處理批量影片任務。
5. ImageMagick 是一款強大的圖像處理工具，可批量處理 PDF、圖片壓縮、添加水印及調整大小，靈活應用於多種場景。
6. Heygen 的數位分身主播能為電子商務場景提供多樣化應用，如產品展示、教學影片製作及品牌推廣，顯著提升用戶參與感。
7. Heygen 通過分析短影片生成數位分身，支持語音與表情的同步處理，並且無需高端設備，適合在線使用。
8. CLI 工具的強大功能通常需要通過複雜的指令完成，對新手而言可能有較高學習門檻，但可借助 ChatGPT 降低使用難度。
9. ffmpeg 是一款功能強大的多媒體處理工具，支持影片的合併、壓縮及格式轉換，廣泛應用於專業和業餘影片製作。
10. Heygen 生成的多段影片可透過 ffmpeg 合併、壓縮或添加水印，提升影片處理的效率，適合線上課程或商務影片製作。

MEMO……………………

AIA 人工智慧應用國際認證
Artificial Intelligence Application Certification

AIA認證 簡介

AI 技術的飛速進步已經引領了社會的巨變，人工智慧已深深融入我們的日常生活和商業領域。無論是在自駕車、醫療診斷、金融預測，或是客戶服務等領域，AI 技術都正在重新塑造我們的日常生活和工作方式。

有鑑於此，IPOE 艾葆科教基金會特邀專家與學者共同參與指導，共同開展人工智慧應用國際認證計劃，旨在提高個人對 AI 科技的理解和技術能力，以使能更好地融入國際化的 AI 應用環境。

AIA 證書樣式

AIA認證 考試說明

科目	等級	題數	測驗時間	題型	滿分	通過分數	評分方式
(PPD) Python 程式設計 Python Programming Design	Specialist-Academic	50題	40 分鐘	單選題	1000 分	700 分	即測即評
	Professional-Academic	50題	40 分鐘	單選題	1000 分	700 分	即測即評
	Fundamentals-Skill Rank1~5	4題/Rank	50 分鐘	實作題	1000 分	1000 分	即測即評
	Specialist-Skill Rank1~5	4題/Rank	50 分鐘	實作題	1000 分	1000 分	即測即評
	Expert-Skill Rank1~5	4題/Rank	50 分鐘	實作題	1000 分	1000 分	即測即評
	Professional-Skill Rank1~5	4題/Rank	50 分鐘	實作題	1000 分	1000 分	即測即評
(AIRA) AI 圖像辨識應用 AI Image Recognition Application	Specialist	50題	40 分鐘	單選題	1000 分	700 分	即測即評
(AIGC) 人工智慧生成內容 Artical Intelligence Generated Content	Specialist	50題	40 分鐘	單選題	1000 分	700 分	即測即評
(AIFA) 人工智慧概論與應用 Artificial Intelligence Fundamentals and Applications	Specialist	50題	40 分鐘	單選題	1000 分	700 分	即測即評

Python 程式設計 - 實作題考試方式：
1. 從 Rank 1 開始往上考，每級皆有 5 個 Rank。
2. 每個 Rank 通過分數為 1000 分，通過才能進入下一個 Rank。
3. 每次進入考試，將啟動 50 分鐘的作答時間。下次考試將自未通過的 Rank 繼續進行，並重新啟動 50 分鐘的作答時間。

證書取得方式：
1. 學科通過即可下載學科證書。
2. 術科每通過一個 Rank 會有該 Rank 的術科證書，並只保留最高等級證書。
3. 學術科皆通過，學術證書會取代學科和術科證書，並只保留最高等級證書。

AIA認證 考試大綱

科目	等級	考試大綱
(PPD) Python 程式設計	Fundamentals、Specialist	• Basic Programming Concepts and Syntaxes, Variables and Assignments, and Data Inputs and Prints 基本概念與語法、變數與賦值及資料輸入與顯示 • Number Data Types, Conversions, and Related Built-In Functions and Operators 數值型別、轉換與相關內建函數及運算子 • String Data Type, Conversions, and Related Built-In Functions 字串型別、轉換與相關內建函數 • Boolean Data Type, Conversions, and Related Built-In Functions and Operators 布林型別、轉換與相關內建函數及運算子 • Advanced Operators, and The Precedence of Operators 進階運算子及運算子的優先順序 • Decision Making–if, if else, if-elif……else 簡單決策 –if, if else, if-elif……else • loop–for 簡單迴圈 –for • loop–while 簡單迴圈 –while • Number Formatting 數值的格式化 • String Formatting 字串的格式化

勁園科教 www.jyic.net
諮詢專線：02-2908-5945 或洽轄區業務
歡迎辦理師資研習課程

科目	等級	考試大綱
(PPD) Python 程式設計	Expert、Professional	• Nested Decision Making 巢狀決策 • Nested loop–for 巢狀迴圈 –for • Nested loop–while 巢狀迴圈 –while • Sequence – Lists 序列 – 串列 • Sequence – Tuples 序列 – 元組 • Sets 集合 • Dictionary 字典 • Date and Time 日期與時間 • Functions 自訂函數 • Basic File I/O 基本檔案輸入與輸出
(AIRA)AI 圖像辨識應用	Specialist	• History of the Development of Articial Intelligence 研究智慧發展的歷史 • Evolution of Articial Intelligence Algorithms 人工智慧演算法的演進 • Databases and Hardware for Training Articial Intelligence 訓練人工智慧的資料庫與硬體 • Articial Intelligence Neural Network Models 人工智慧神經網路模型 • Memory Learning and Chatbots 記憶學習與聊天機器人 • Machine Learning 機器學習 • Image Application Software and Cloud Application Software 圖像應用軟體與雲端應用軟體 • Management and Application of Articial Intelligence 人工智慧的管理與應用
(AIGC) 人工智慧生成內容	Specialist	• Fundamentals and Development of AI and AIGC AI 與 AIGC 基礎理論與發展 • AIGC Text and Image Generation Tools and Applications AIGC 圖文生成工具與應用 • AIGC Audio and Video Generation Tools and Applications AIGC 影音生成工具與應用 • AIGC-Assisted Programming and Data Analysis Tools AIGC 程式與數據分析工具 • Comprehensive Applications of AIGC AIGC 綜合應用
(AIFA) 人工智慧概論與應用	Specialist	• Introduction to Artificial Intelligence and Its Evolution 人工智慧概論與發展 • Game AI and Generative Artificial Intelligence 遊戲 AI 與生成式人工智慧 • Cloud Computing and Edge Computing 雲端運算與邊緣運算 • Artificial Intelligence and the Internet of Things (AIoT) 人工智慧與物聯網 • Big Data 大數據 • Machine Learning 機器學習 • Deep Learning 深度學習 • ChatGPT and Generative AI Applications ChatGPT 與生成式 AI 應用

AIA 認證 證照售價

產品編號	產品名稱	級別	建議售價	備註
SV00001a	AIA 人工智慧應用國際認證 (Python 程式設計) - 電子試卷	Specialist (學科)	$1200	考生可自行線上下載證書副本，如有紙本證書的需求，亦可另外付費申請 紙本證書費用 $600
SV00002a		Professional (學科)	$1200	
SV00111a		Fundamentals (術科)	$1200	
SV00112a		Specialist (術科)	$1200	
SV00113a		Expert (術科)	$1200	
SV00114a		Professional (術科)	$1200	
PV931	AIA 人工智慧應用國際認證 (AI 圖像辨識應用) - 電子試卷	Specialist	$1200	
PV941	AIA 人工智慧應用國際認證 (人工智慧生成內容) - 電子試卷	Specialist	$1200	
PV961	AIA 人工智慧應用國際認證 (人工智慧概論與應用) - 電子試卷	Specialist	$1200	

AIA 認證 推薦產品

產品編號	產品名稱	建議售價
PB344	AI 人工智慧圖像辨識應用含 AIA 人工智慧應用國際認證 -AI 圖像辨識應用 Specialist Level - 附 MOSME 行動學習一點通：評量・詳解・擴增・加值	$520
PB396	人人必學人工智慧概論與應用 - 含 AIA 國際認證：人工智慧概論與應用 (Specialist Level) - 最新版 - 附贈 MOSME 行動學習一點通	$400
PB356	人人必學 GEN AI 人工智慧生成內容：線上 AI 工具整合與創新應用含 AIA 國際認證 - 人工智慧生成內容 (Specialist Level) - 最新版 - 附贈 MOSME 行動學習一點通	$450
PB358	Python 程式設計全方位實例演練 - 含 AIA 國際認證：Python Programming Design(All Levels) - 最新版 - 附贈 MOSME 行動學習一點通	近期出版

※ 以上價格僅供參考 依實際報價為準

勁園科教 www.jyic.net　諮詢專線：02-2908-5945 或洽轄區業務
歡迎辦理師資研習課程

書　　名	人人必學 GEN AI 人工智慧生成內容 線上 AI 工具整合與創新應用
書　　號	PB356
版　　次	2025 年 6 月初版
編 著 者	趙士豪
責 任 編 輯	黃曦緈
校 對 次 數	6 次
版 面 構 成	顏彣倩
封 面 設 計	陳依婷

國家圖書館出版品預行編目（CIP）資料

人人必學 GEN AI 人工智慧生成內容：線上 AI 工具整合與創新應用 / 趙士豪編著. -- 初版. -- 新北市：台科大圖書股份有限公司, 2025.06
　面；　公分
ISBN 978-626-391-530-5（平裝）

1.CST: 人工智慧　2.CST: 機器學習

312.83　　　　　　　　　　　　114006537

出 版 者	台科大圖書股份有限公司
門 市 地 址	24257 新北市新莊區中正路 649-8 號 8 樓
電　　話	02-2908-0313
傳　　真	02-2908-0112
網　　址	tkdbook.jyic.net
電 子 郵 件	service@jyic.net
版 權 宣 告	**有著作權　侵害必究** 本書受著作權法保護。未經本公司事前書面授權，不得以任何方式（包括儲存於資料庫或任何存取系統內）作全部或局部之翻印、仿製或轉載。 書內圖片、資料的來源已盡查明之責，若有疏漏致著作權遭侵犯，我們在此致歉，並請有關人士致函本公司，我們將作出適當的修訂和安排。
郵 購 帳 號	19133960
戶　　名	台科大圖書股份有限公司 ※郵撥訂購未滿 1500 元者，請付郵資，本島地區 100 元 / 外島地區 200 元
客 服 專 線	0800-000-599
網 路 購 書	勁園科教旗艦店 蝦皮商城　　博客來網路書店 台科大圖書專區　　勁園商城
各服務中心	總　　公　　司　02-2908-5945　　台中服務中心　04-2263-5882 台北服務中心　02-2908-5945　　高雄服務中心　07-555-7947

線上讀者回函
歡迎給予鼓勵及建議
tkdbook.jyic.net/PB356